中国自動車流通のダイナミックス
―自動車「ディーラー・システム」の実証分析―

Ho　　Hika
方　飛卡

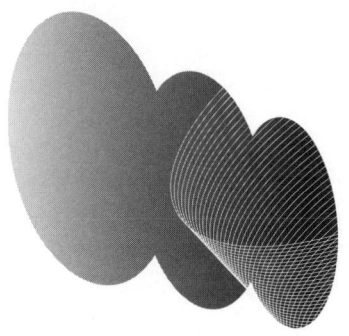

八千代出版

まえがき

　2001年、中国がWTO（世界貿易機関）に加盟して以来、中国自動車産業は飛躍的な発展を遂げてきた。2010年、中国国内での自動車販売台数が1800万台を達成し、米国の過去最高記録（2000年）の1780万6000台を塗り替え、名実ともに世界最大の自動車市場になった。この急成長は中国自動車産業の大量生産システムと大量流通システムの形成と切り離しては語れない。従来、自動車大量流通システムは「4S」方式の「ディーラー・システム」の導入によって実現されていたが、2000年代後半、「4S」方式の「ディーラー・システム」は新たな変容を見せ始めた。一方、日米などの先進国においては、自動車流通の中心である「ディーラー・システム」はすでに新たな変容が引き起こされ、既存の「ディーラー・システム」の限界が打破されつつある。

　自動車「ディーラー・システム」にはいったいどのようなイノベーションが求められているのか、あるいは、自動車「ディーラー・システム」は引き続き自動車流通の中心として存在することができるのかといった究極的な問題に答えるためには、まず「ディーラー・システム」がなぜ、どのように変容しているのかを究明しなければならない。本書はこの問題の解明を中心に研究を進めていくが、中心となる研究対象は中国である。中国に注目したのは、世界最大の自動車市場、世界大手の自動車メーカーがすべて出揃った状況といった理由のほか、「ディーラー・システム」の導入プロセス及び変容の全過程をダイナミックに観察できるからである。そして、これまで中国の「ディーラー・システム」に関する本格的な研究は殆ど存在していなかった。また、米国や日本などの先進国においては、「ディーラー・システム」が形成されてからすでに80年以上の年月を経ているので、システムそのものの安定性が非常に高い。一方、中国では「ディーラー・システム」が導入されてからまだ十数年しか経っていないため、「ディーラー・システム」が大きく変容する可能性が潜んでいる。

　本書の具体的な問題意識は次のようである。

　①2001年以降、中国自動車流通システムはどのような特徴を持つようになったのか。

　②「4S」方式の「ディーラー・システム」はなぜ、どのように中国に導入

され、そして変容してきたのか。

③「４Ｓ」方式の「ディーラー・システム」は中国でどのような役割を果たしているのか、そしてその問題点は何か。

④中国において各メーカーはどのように「ディーラー・システム」を構築し、そして変容させたのか。

⑤ディーラーの大規模化が「ディーラー・システム」にどのような影響を与えたのか。

⑥現段階においては、「ディーラー・システム」とは異なる販売システムだと捉えられてきた汽車交易市場は、どのような存在となったのか。

⑦汽車交易市場の発展は「ディーラー・システム」にどのような変容をもたらしたのか。

本書は以上の問題を解明することで、以下の４つの目的を達成する。１つ目は中国自動車流通システムの特徴及び現状の把握である。２つ目は「４Ｓ」方式の「ディーラー・システム」の中国での役割、問題点及び変容プロセスの究明である。３つ目は「ディーラー・システム」の変容をダイナミックに把握する方法の提示である。４つ目は限界性を露出した現存の「ディーラー・システム」のイノベーションにヒントを提示することである。

本書は文献調査と実態調査という２つの研究方法を同時に講じるが、具体的な内容は以下の６章で構成されている。

第Ⅰ章においては、主に先行研究を通して、自動車「ディーラー・システム」の概念及びその用語を選んだ原因を提示する。

第Ⅱ章においては、中国自動車流通の史的経緯を辿りながら、中国自動車流通の発展プロセスを４段階に分け、それぞれの段階の特徴を明らかにする。それと同時に、中国自動車流通の現状分析を加え、「４Ｓ」方式「ディーラー・システム」の特徴、問題点及び変容した事実を究明する。

第Ⅲ章においては、自動車産業構造、政府の政策及び消費者需要の変化といった３つの視点から「ディーラー・システム」の変容を考察する。

第Ⅳ章においては、メーカーの視点から「ディーラー・システム」の変容プロセスを考察する。具体的にいえば、資本別の主要メーカー７社を取り上げて、事例研究を通して各メーカーのチャネル政策を分析したうえで、各チャネル政策間の関連性を考察する。

第Ⅴ章においては、ディーラーの視点から「ディーラー・システム」の変容を考察する。まず、自動車ディーラーの成長と現状を明らかにし、ディーラーの大規模化の原因を究明する。次はメガ・ディーラー3社の事例研究を通して、ディーラーの大規模化が「ディーラー・システム」に与えた影響を考察する。

　第Ⅵ章においては、実態調査を通して、汽車交易市場と「ディーラー・システム」の関係を明らかにし、「ディーラー・システム」の今後の方向性を提示する。

　本書の出版に当たって、まずお礼を申し上げなければならないのは、東京国際大学商学研究科教授生井澤進先生である。この3年間、先生から丁寧かつ熱心なご指導を賜り、無事に博士学位を取得することができた。そして、先生の勧めとアドバイスのおかげでこの本を順調に出版することができた。また、同じく東京国際大学商学研究科教授である上野博先生と金埼先生から多数の貴重なご意見を頂いて、大変勉強になった。さらに、修士課程時代の恩師である東京国際大学商学研究科准教授久米勉先生からも多数の有意義なアドバイスを頂いて、自分の視野を広げ、ここまで成長することができた。また、退職なさったが、修士課程時代にて多くの面倒を見てくださった東京国際大学商学研究科元教授川嶋行彦先生にも心からお礼を申し上げたい。最後に、本書の出版をお引き受けくださった、八千代出版の代表取締役社長森口恵美子氏に心からお礼を申し上げたい。

方　飛卡

目　　次

まえがき　　　　　　　　　　　　　　　　　　　　　　　　　　　　　i

第Ⅰ章　自動車フランチャイズ・システムと「ディーラー・システム」　　1

第Ⅱ章　中国の自動車流通の発展と「ディーラー・システム」の変容　　　3

第Ⅲ章　マクロの視点から見る「ディーラー・システム」の変容　　　　29
　　第1節　自動車産業構造と「ディーラー・システム」の変容　　　　29
　　第2節　自動車流通政策と「ディーラー・システム」の変容　　　　34
　　第3節　消費者需要の変化と「ディーラー・システム」の変容　　　36

第Ⅳ章　メーカーの視点から見る「ディーラー・システム」の変容　　　39
　　第1節　ドイツ系のVWのチャネル政策　　　　　　　　　　　　　39
　　第2節　米国系のGMのチャネル政策　　　　　　　　　　　　　　46
　　第3節　日系のホンダのチャネル政策　　　　　　　　　　　　　　52
　　第4節　日系のトヨタのチャネル政策　　　　　　　　　　　　　　57
　　第5節　日系の日産のチャネル政策　　　　　　　　　　　　　　　60
　　第6節　韓国系の現代起亜グループのチャネル政策　　　　　　　　64
　　第7節　中国民族系の奇瑞汽車のチャネル政策　　　　　　　　　　69

第Ⅴ章　ディーラーの視点から見る「ディーラー・システム」の変容　　77
　　第1節　自動車ディーラーの成長と現状　　　　　　　　　　　　　77
　　第2節　ディーラーの大規模化と「ディーラー・システム」の変容　83

第Ⅵ章　中国の汽車交易市場の発展と「ディーラー・システム」の変容　105
　　第1節　汽車交易市場の定義と発展プロセス　　　　　　　　　　　105
　　第2節　北京市の汽車交易市場　　　　　　　　　　　　　　　　　108
　　第3節　上海市の汽車城　　　　　　　　　　　　　　　　　　　　121
　　第4節　広州市の汽車城　　　　　　　　　　　　　　　　　　　　124
　　第5節　温州の汽車城　　　　　　　　　　　　　　　　　　　　　129

あとがき　　　　　　　　　　　　　　　　　　　　　　　　　　　　137
引用・参考文献　　　　　　　　　　　　　　　　　　　　　　　　　139
索　　　引　　　　　　　　　　　　　　　　　　　　　　　　　　　147

第 I 章
自動車フランチャイズ・システムと「ディーラー・システム」

　現在、各先進国において自動車流通システムの主流は「ディーラー・システム」といわれている。このシステムは他の商品の流通システムと違い、特殊性を持っている。最も代表的なのは専売制、テリトリー制及び固定的卸売価格制である[1]。これらの特殊性は自動車産業の寡占化という産業要因と自動車の製品構成の複雑さ、置物スペースの大きさ、価格の高さ、安全面の重要さなどの製品要因に起源するが、そのシステム自身の有効性があるからこそ、長い歴史の発展の中で存続してきたのである。本章においては、自動車「ディーラー・システム」の概念及びその用語を選んだ原因を提示する。

(1) 自動車ディーラー

　一般的に自動車ディーラー（car dealership）とは、新車や中古車を小売する事業者、あるいは、販売店のことである[2]。その中で、特に自動車メーカー（または、その販売子会社など）と特約店契約（フランチャイズ契約）を結んだ販売業者のことを指す。自動車ディーラーは通常、販売だけでなく、点検整備などのサービスも提供する。

(2) 自動車フランチャイズ・システムと自動車「ディーラー・システム」

　フランチャイズ・システムは19世紀後半の米国で誕生した。最初にフランチャイズ・システムを採用したのはミシンメーカーのシンガーだといわれている。シンガーは自社の小売・サービス拠点への支援を効率的に行うために、拠点ご

1　固定的卸売価格制という概念は塩地洋（2002）に出典するものであるが、その重要性を考えて、特殊性としてあげた。
2　ディーラー数の単位として「店」、あるいは「社」が混同して使われている。それは昔の米国の「1ディーラー1拠点」が殆どであることに起源すると考えられるが、現在の米国では、1ディーラーが1.8前後の拠点数（Automotive Newsにより算出）を持つようになったので、本書ではディーラーを事業者と見なし、その単位を「社」にする。

とに責任地域を定め、そうした地域をテリトリー（一手販売許可地域）と名づける経緯があった。その時、メーカーであるシンガーがフランチャイザー、各地域の小売・サービス拠点がフランチャイジーと呼ばれていた[3]。そして、1920年代前後、自動車販売においてもこうしたシステムが形成された。

しかし、1950年代以降、ファーストフード・ストアやコンビニエンス・ストアの登場によって、製品の提供やアフターサービスの支援ではなく、ビジネス・フォーマットや販売手法を提供する新たなフランチャイズが登場した。そして、このタイプのフランチャイズは一連の小売革新を引き起こし、社会全体から大きく注目されてきた。その結果、フランチャイズ・システムに関する研究は殆どそちら側で行われた。

一方、自動車フランチャイズ・システムという言葉自体が多くの研究に使われてきたが、具体的な定義がなく、あるいは曖昧な定義しか下されなかった場合が殆どである。それらの研究は日米の自動車流通システムが同一フランチャイズ・システムであることを前提にして、その違いをフランチャイズ契約の応用に求めている。さらに、似たような契約内容のもとで違う行動が取られたディーラーの行動を解釈する場合、殆ど歴史的原因に帰納させている。つまり、それらの研究は日米の自動車流通システムを単なる行動レベルで捉え、システム構造上の問題を無視した[4]。

この問題点を解決するため、孫（2000）は自動車「ディーラー・システム」という用語を提起した。孫（2000）によると、自動車「ディーラー・システム」とはメーカーが他のメーカーに対して競争優位を構築するため、社会的に独立した経営主体である「ディーラー」を組織し、そしてコントロールしようとするシステムである。

3　塩地（2002）、P5。
4　孫（2000）、P15。

第Ⅱ章
中国の自動車流通の発展と「ディーラー・システム」の変容

　自動車「ディーラー・システム」が最初に中国に導入されたのは1998年前後のことで、まだ十数年しか経ていない。中国において「ディーラー・システム」がなぜ、どのように導入されたのか、そして変容してきたのかといった問題を理解するために、まず、史的な視点から中国自動車流通の発展経緯を把握しなければならない。本章においては、中国自動車流通の発展プロセスを4段階に分け、それぞれの段階の特徴を明らかにする。それと同時に現状分析を加え、導入された「ディーラー・システム」の特徴、問題点などを究明する。

　本書は流通主体の違い及び流通経路の変化に基づき、中国自動車流通の発展プロセスを4段階に分けることにする。それは計画経済期（1949年〜1978年）、初期混沌期（1979年〜1999年）、「ディーラー・システム」の確立期（2000年〜2008年）、「ディーラー・システム」の変容期（2008年以降）である。

(1) 計画経済期（1949年〜1978年）

　中国自動車産業のスタートは、1956年10月、中国最初の自動車生産工場である「第一汽車製造廠」が設立されて以来のことであった。その後、北京、天津、南京、上海、済南などの各地においても自動車工場やトラクター工場が相次いで建設された[5]。これらの工場を管理するために、1964年、全国の主要な工場を統括する「中国汽車工業公司」が設立された[6]。一方、地方においては分業体制が敷かれた[7]。つまり、最初、中国政府は分業専門化による協業を集中管理することで大量生産体制を築こうとした。しかし、1966年に始まった「文化大革命」の自力更生政策によって、状況が一転し、中央政府だけでなく、地方政府

---

[5] これらの工場の多くは建国以前の軍事工場や自動車修理工場から転換されたものだった。自動車といっても、実際に生産された自動車は殆どトラックであった。
[6] 1967年、「中国汽車工業公司」が解散された。
[7] 分業体制とは、地域によって異なる車種、あるいは、違う部品を開発・生産することである。

も自主的に生産工場を設置、あるいは管理することができるようになった[8]。そこで、各地方政府は地方保護主義に走り、各自の自動車組立工場を建設した。その結果、中央政府と地方政府（省、直轄市、自治区）の二重管理体制が形成されるようになった。1970年初頭、「1省1工場」体制（1つの省には少なくとも1つの自動車工場）が確立され、今日の自動車産業の基盤となった。

　この段階においては、自動車が生産財と見なされ、生産はもちろん、流通も政府の計画管理下に置かれていた。また、自動車生産と同様に、自動車の流通（分配）も当時の権力紛争や政治運動の影響を強く受けている。中国建国初期、自動車は重要生産財の「統一分配物資」として「国家計画委員会」が作成した計画のもとで分配されていた[9]。具体的にいえば、「国家計画委員会」は各生産工場の生産能力と各地の需要を勘案し、生産計画と分配計画を作成し、国務院（中国最高国家権力機関の執行機関）に報告する。国務院はそれを認可したら、自動車工業の統括機構である「第一機械工業部」に通達を出す。「第一機械工業部」及びその下部組織（中国汽車工業販売総公司の前身）は自動車の実際の分配を行う[10]。1958年、「大躍進運動」がスタートし、国家の重点プロジェクトに関わる部分以外の物資流通の管理権は地方政府に渡されるようになった。それと同時に、地域間の分配バランスを図るため、「地区平衡制」と呼ばれる制度が設けられた[11]。しかし、地方政府は地方保護主義に走り、地域内のユーザーのみを供給対象とし、地域間の分配バランスが早くも崩壊した。こういう状況を是正するため、1963年、物資分配の統括組織として「国家物資管理局」が設立された。「国家物資管理局」の傘下には、金属、化工、機電設備、木材、建材といった5つの専業公司（配給専門会社）が存在していた。自動車の分配は中央政府用車、軍用車と国家重点プロジェクト用車を除けば、すべてが中国機電設備総公司（専業公司）の管轄下に置かれていた。

　しかし、このような中央政府による分配体制は1966年の「文化大革命」の開始によって事実上機能しなくなった。そこで、中央政府は「国家統一計画、地

---

[8] 当時、自然災害などの影響で、人々の生活が困難であったため、「文化大革命」の政策の1つとして、各省が国の救済に頼らず、自立でその地域の人民の生活を賄うことを目指す政策が出された。いわゆる自力更生政策である。因みに、「第二汽車廠」（現：東風汽車）はその時に設立された。
[9] 中国汽車貿易指南編委会『中国汽車貿易指南』経済日報出版社、1991年、P13。
[10] 孫（2000）、P207。
[11] 同上書、P14。

方経営」を基本政策として打ち出した。1970年、物資管理部の廃止に伴い、中国機電設備総公司も解散された。それと同時に、各地にある中国機電設備総公司の下部組織が地方政府に所属するようになり、地方政府は当地域において自動車の生産と分配の権限を同時に手に入れた。文化大革命期（1966年5月〜1976年10月）以降、中央政府は物資分配の混乱状態を解消するため、「国家物資総局」とその傘下の中国機電設備総公司を新たに設け、自動車の分配の集中化を図った。しかし、地方政府の抵抗もあって、自動車の分配に関するすべての権力を回収することはできなかった[12]。その結果、中央で管理する部分と地方で管理する部分が併存した自動車分配方式が形成された[13]。

　このように、一貫性のない政府政策のもとで、自動車の計画分配体制は中央集権的から地方分権的へと、また地方分権的から中央集権的へと何度も繰り返されてきたが、いずれも長く定着できなかった。とはいえ、いずれの時期においても中央政府、あるいは、地方政府の指令のもとで自動車が上級部門から下級部門へと段階的に分配されていくことに変わりはなかった。要するに、この段階においては、政府の指令のもとで計画された分配方式（指令性分配計画）が自動車流通の中心であった。また、この分配方式のもとで中国自動車流通経路の多段階性がすでに形成された（図表2-1）。

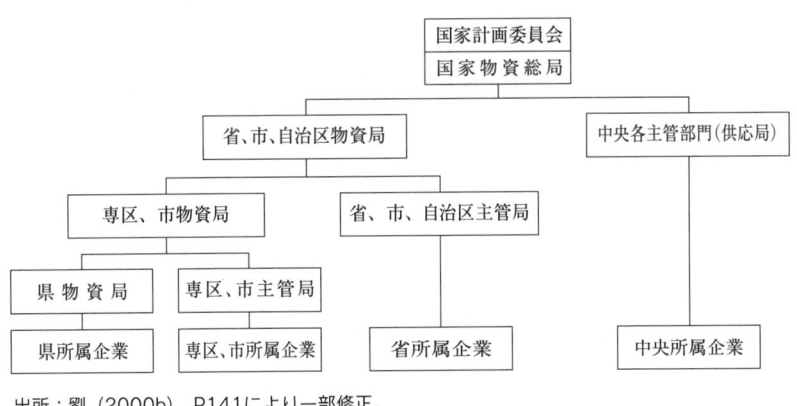

図表2-1　計画経済期における中国主要の物資流通経路

出所：劉（2000b）、P141により一部修正。

12　劉（2000b）、P53。
13　1976年、地方政府の管理のもとに置かれている自動車は3万台で、全生産台数の約1/4を占めていた。

(2) 初期混沌期（1979年～1999年）

　1978年の「改革・開放政策」以降、中国の経済体制は計画経済から社会主義経済へと移行し、市場競争メカニズムが導入されるようになった。その影響を受け、企業の自主的な経営ができるようになった一方、海外による技術と資本の導入が重要視されるようになった。

　自動車産業に関しては、まず各地で乱立した自動車工場が問題視された。1982年5月、中央政府は自動車産業を整理・整頓するため、「中国汽車工業公司」を復活させ、企業集団化（グループ化）政策を推進した[14]。1981年4月に設立された第二汽車廠を中核とする「東風汽車工業連営公司」（現：東風汽車グループ）がその手本の1つである。1982年に入ると、南京汽車廠を中核とする「南京汽車工業連営公司」、上海市の自動車関係産業を統括する「上海拖拉機汽車連営公司」（現：上海汽車グループ）及び第一汽車廠を中核とする「解放汽車工業企業連営公司」（現：第一汽車グループ）が相次いで設立された。

　次に、中央政府は自動車産業の育成に力を入れた。1986年、中国政府は第7次5ヵ年計画（1986年～1990年）において、自動車産業を「重点支柱産業」と位置づけ、産業育成の中心をトラックから乗用車へと転換した。1986年時点で、中国での乗用車生産台数は1万2297台で、全自動車生産台数の5％まで行かなかった[15]。自動車生産への投入資源を集中化させるために、中国政府は1987年8月に「3大3小」政策という乗用車生産の集中化政策を打ち出した。1992年にさらに「2微」が追加され、いわゆる「3大3小2微」体制が出来上がった[16]。「3大」とは大型乗用車を生産する上海汽車、第一汽車、東風汽車の3社のことである。一方、「3小」とは小型乗用車を生産する天津汽車、北京汽車、広州汽車のことである。また、「2微」とは軽乗用車を生産する北方工業と航空工業のことである。当時乗用車の生産許可を持っているのはこの8社だけであった。1994年7月、中国政府は「中国自動車産業発展政策」を打ち出し、自動車メーカーのさらなる集約化を求める一方、個人ユーザーによる自動車の購入を奨励し始めた。

　さらに、中国政府は自動車の生産能力と開発能力を高めるために、海外から

14　櫨山・川邉（編）(2011)、P16。
15　『中国汽車年鑑』中国汽車技術研究中心、1998年、P75。
16　李（1997）、P50。

の技術導入を図った。1984年から「技貿結合」政策が実施され、日本からの技術供与が盛んになった。しかし、当時の日本メーカーは技術供与以外の方式に対して消極的であったため、欧米メーカーを中心にいくつかの合弁会社が設立された[17]。1983年、北京汽車は米アメリカン・モーターズ（AMC社、のちにクライスラーに吸収）と調印し、北京吉普汽車（北京ジープ社）を設立した。1984年、上海拖拉機汽車は独VW社と調印し、その翌年に上海大衆汽車（上海VW社）を設立した。さらに、1985年に広州汽車と仏プジョー社、1991年に第一汽車と独VW社、1992年に東風汽車と仏シトロエン、それぞれの合弁会社が設立された。

一方、1978年の「改革・開放」政策以降、自動車流通にも激しい変化が見られた。まず、指令性分配計画のほか、指導性計画が導入された。指導性計画のもとで、政府からのコミットが間接的になり、自動車メーカーは自主裁量で生産目標を勘案し、販売することができるようになった。それと同時に、価格の「双軌制」が導入された[18]。

1980年代に入ると、中国自動車流通の中では指令性分配計画の割合は1982年の92.3％から1992年の15.3％へと急減した。指令性分配計画の割合の減少によって、メーカーが自分の販売ルートを開拓しなければならないこととなった。しかし、当時メーカーにとって、販売といっても、販売網が殆ど構築されなかったため、従来の政府系流通企業を利用せざるを得なかった。一方、従来の政府系流通企業は物資分配の性格が強く、市場取引に殆ど馴染まなかった。そこで、1985年、政府は市場取引の促進策として北京、上海、武漢、瀋陽、重慶、西安の６都市で自動車取引センターを設けた。当時の中国において、自動車に対する需要が供給を大きく上回ったため、利益の駆使で多くの政府関連部門と関連企業（一般流通企業）が新たに参入した。市場取引により、競争が発生し、多くの企業は車両を確保するため、賄賂などの不正手段に手を染め始めた。これに対して、中国政府は規制を行う一方、輸入車の販売を担当していた「中国機械進出口総公司」の車両公司に加え、自動車流通（分配）の中心だった「中国機電設備総公司」と「中国汽車工業銷售総公司」を統合し、「中国汽車貿易総公司」を設立した[19]。「中国汽車貿易総公司」が設立された時点で６つの自動

---

17 同上書。
18 「双軌制」とは同一財においては指令性価格と指導性価格という二重価格が併存することである。
19 「中国汽車工業銷售総公司」は、「中国汽車工業総公司」の傘下企業であり、1982年、「中国汽車工

車取引センターはその傘下の子会社となり、それに天津、広州で新たに設立された2つの自動車取引センターも加えられ、中国最大の自動車流通企業となった。しかし、1992年、中国政府の各部門間の対立によって「中国汽車貿易総公司」が分解し、「中国機電設備総公司」「中国汽車工業銷售総公司」「中国汽車貿易総公司」といった3つの会社となった[20]。この3つの会社はそれぞれ独自の流通経路を持っていた。

　一方、1990年代以降、自動車メーカーは自動車販売の重要性を認識し、自社販売網の構築に乗り出した。しかし、メーカーが独自で販売網を構築する力はなかったため、メーカー独資で設立された会社もあるが、従来の政府系流通企業と手を組んで聯営・聯合公司を設置することが主流となった[21]。しかし、メーカーの販売経験、管理方法及び出資方式などの原因で、聯営・聯合公司のコントロール権は殆ど従来の流通企業側にあり、メーカーは大きく関与する力を持っていなかった[22]。従来の流通企業が聯営・聯合公司の設立に協力したのは自動車の仕入れルートの確保と価格の優遇だったため、聯営・聯合公司が一旦自動車を仕入れると、その出資先の従来の流通企業が優先的に優遇価格で購入することが多かった。従来の流通企業の殆どは旧分配システムの一員であるため、入手した自動車を旧分配システムに乗せて販売することが多かった[23]。つまり、旧分配システムの多段階性がそのまま継承されたともいえる。一方、多くの新規参入者（一般流通企業）がメーカーから仕入れるだけでなく、自社と関係のある流通企業からも仕入れようとした。その結果、この段階において自動車流通の多段階性が複雑化し、多種多段階性の特徴を呈した。

　以上のように、前段階の自動車流通システム（旧分配システム）の多段階性がそのまま継承されて、そして、新たな流通企業の参入によってさらに複雑化された。この複雑化は流通経路を長くさせたことだけでなく、飛ばし取引や逆取引の存在をも指している。また、メーカー、独資公司、聯営・聯合公司、従来

業総公司」の再建に伴い、再び設立され、主に計画外の車両の販売を担当していた。
20　劉（2000b）、P61。
21　聯営公司とはメーカーと流通企業との共同出資で設立された共同経営を目的とする合弁会社である。聯合公司とはメーカーとの出資関係がないものの、専売制などの条件を呑んでメーカーと長期販売契約を結んで設立された会社のことである。
22　この場合、商品（自動車）と部分的な現金の提供はメーカーによる主要な出資方式である。
23　旧分配システムとは、「中国機電設備総公司」「中国汽車工業銷售総公司」「中国汽車貿易総公司」という3つの会社を主体とする国の分配経路を持っている流通システムのことである。

の政府系流通企業、一般流通企業などの多様な流通主体の存在も自動車流通の多種多段階性をもたらした一要因である（図表2-2）。

(3) 「ディーラー・システム」の確立期
　　　（2000年～2008年）

　1999年11月、米中WTO合意によって、中国は2001年に世界貿易機関（WTO）加盟することになった。加盟の条件として政府による自動車の価格管理制の完全撤廃、外国企業に対する規制の緩和などが含まれていた。これをきっかけに、世界大手メーカーが続々と中国市場に参入し、中国の自動車産業が飛躍的な発展を遂げ始めた。

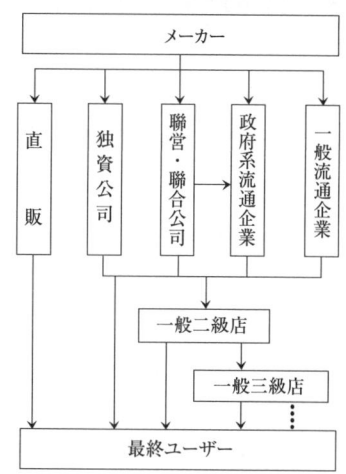

図表2-2　自動車の初期混沌期における典型的な流通経路

出所：劉（1999）、塩地（2002）などの資料により筆者作成。

　1998年、本田は仏プジョーの撤退をきっかけに、広州汽車と合弁方式で広州本田を設立した。1999年GM社が上海汽車、2000年トヨタが一汽汽車、2002年フォード社が長安汽車、2003年日産が東風汽車と、それぞれの合弁会社が設立された。世界大手メーカーと組むことで、中国では大量生産体制が短期間で構

図表2-3　中国自動車生産台数の推移

単位：万台

年	自動車生産台数
1990	51
1995	145
1996	148
1997	158
1998	163
1999	183
2000	207
2001	234
2002	325
2003	444
2004	507
2005	571
2006	728
2007	888
2008	935
2009	1379
2010	1826
2011	1842
2012	1927

出所：『中国汽車工業年鑑』各年版により筆者作成。

築されるようになった。図表2-3のように、中国の自動車生産台数は、1990年から2000年までの10年間、51万台から207万台へと、年間平均15万6000台の増加ペースであったが、2000年から2010年までの10年間においては、207万台から1826万台へと、年間平均161万9000台の増加ペースに上り、急激な成長を遂げてきた。2010年以降、その成長が減速したものの、2012年なお1927万台の記録を残した。

　一方、中国政府の家庭用乗用車奨励策に加え、個人所得の急増などによって、中国の乗用車市場が急成長し、そして2002年以降、モータリゼーションがついに到来した。図表2-4で示しているように、2001年、中国では乗用車の販売台数は71万6000台で、商用車販売台数の半分に行かなかった。2005年になるとその販売台数は397万1000台に達し、商用車の販売台数を大きく上回った。2011年中国の乗用車の販売台数は1447万2000台を記録した。つまり、2001年以降、中国の乗用車市場が年間平均137万5600台の増加ペースで急速に拡大してきた。

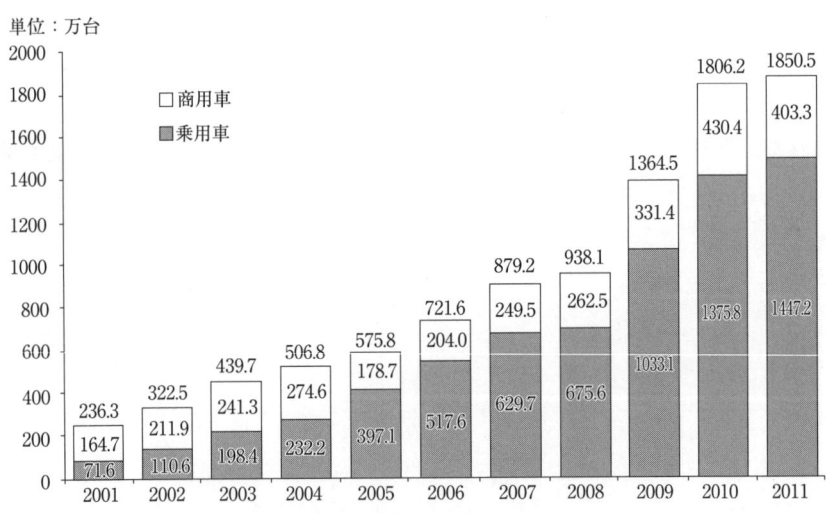

図表2-4　2001年～2011年中国新車販売台数の推移

注：①乗用車（passenger car）：設計や技術上の特徴において主に乗客及びその身の回り品の運輸を目的として、運転手を含めて9人乗り以内の車のことである。主に基本型乗用車、MPV（multi-purpose vehicle）、SUV（sport utility vehicle）、小型バスに分けられる。
　　②商用車(commercial vehicle)：設計や技術上の特徴において主に乗客あるいは荷物の運輸を目的として、運転手を含めて9人乗り以上の車及び貨物車のことである。主にバスと貨物車に分けられる。
出所：『中国汽車工業年鑑』各年版により筆者作成。

第Ⅱ章　中国の自動車流通の発展と「ディーラー・システム」の変容

　中国の自動車市場が急速に拡大できたのは「4S」方式の「ディーラー・システム」という大量流通システムが構築されたからだといえる[24]。中国で最初に「4S」方式の「ディーラー・システム」を構築したのは広州本田である。しかし、実際、その前に中国政府はすでに先進国の主流である流通システムを導入しようとした。

　1995年10月、中国政府は「全国物資流通代理制工作座談会」で鉄鋼と自動車の流通に「代理制」と呼ばれる新たな流通方式を試験的に導入することを決定した[25]。1996年、「代理制」の試行がスタートし、自動車メーカー5社（第一汽車、東風汽車、上海汽車、天津汽車、躍進汽車）は当年度の生産予定量の25％に相当する約18万6000台について流通企業79社と代理契約を結んだ[26]。1997年10月、「代理制」の試行企業としてメーカーが11社、販売代理業者が301社まで増えた。そして、1999年になると、メーカーの販売代理業者が678社まで増加し、中国自動車市場シェアの60％以上を占めるようになった。しかし、1999年以降、後発合弁系メーカーによる「ディーラー・システム」の導入によって「代理制」は急速に形骸化した[27]。では、以下「代理制」とは何か、「代理制」と「ディーラー・システム」はどのような関連性を持っているのかなどについて考察を行う。

　「代理制」とは、工、商企業の双方が代理契約に基づき、利益の共有とリスクの分担を基本とするパートナー関係を醸成することで市場の安定化及び資源配分の合理化を図ろうとする制度のことである。その出発点は先進国で一般的に用いられている効率的な流通システム、つまり自動車の場合、自動車「ディーラー・システム」の導入である。

　「代理制」の運用に関しては、「代理権」方式と「傭金代理」方式といった2つの運営方式があった。「代理権」方式とは流通企業がメーカーから特定地域における製品の独占販売権を獲得したうえで、当メーカーの製品を買い取り、自社で市場リスクを負担する方式である。一方、「傭金代理」方式は同じくメーカーからの独占販売権を獲得することではあるが、流通企業がメーカーの代理として製品を販売し、メーカーからの手数料を収益源とする方式である。こ

24　「4S」方式の「ディーラー・システム」については、後で詳述する。
25　『中国汽車貿易年鑑』1996年〜1997年版、P131。
26　同上書、P132。
27　柯（2009）、P81-P82。

の方式の場合、製品所有権の移転が発生しない[28]。

　図表2-5は「代理制」と「ディーラー・システム」の異同点を示したものである。「傭金代理」方式は委託販売方式であり、「ディーラー・システム」との関わりが殆どなかったともいえる。一方、「代理権」方式は「ディーラー・システム」と似ているが、実際にはいくつか大きな違いがある。まず、「代理権」方式は「ディーラー・システム」と違い、テリトリー制が非常に曖昧である。次に、「代理権」方式のもとで自動車販売店をランクづける「等級別代理商制度」が設けられているが、ランクの低い販売店の場合、専売制を守る義務は殆どなかった。さらに、「ディーラー・システム」が小売販売を中心とするのに対して、「代理権」方式は卸売販売を中心とする。最後に、「ディーラー・システム」には固定的卸売価格制という価格政策が存在しているに対して、「代理権」方式にはボリューム・ディスカウントが存在していた。

　「代理制」と「ディーラー・システム」との間には相違が存在することが確認できた。しかし、「代理制」の実施は「ディーラー・システム」の導入に対して完全に無意味ではなかった。まず、「代理制」は具体的な契約を通し、メーカーと流通企業との責任と権利を明確に決め、それまでの商慣習に大きな影響を与えた。そして、「代理制」は「四位一体」のマーケティング機能を強調し、製品とサービスの同時提供による消費者利便性の向上、情報のフィードバックによる消費と生産のギャップの解消などのマーケティング技法運用の発想

図表2-5　「代理制」と「ディーラー・システム」の異同点

	同	異
代　理　制	①契約を通して互いの権利と義務を明確にする ②「四位一体」のマーケティング機能 ③販売店への援助	①「代理制」には「買取方式」と「委託販売方式」がある ②テリトリー制の曖昧さ ③専売制の限定 ④卸売販売が中心 ⑤ボリューム・ディスカウント
ディーラー・システム		①「買取方式」が基本 ②テリトリー制 ③専売制 ④小売販売が中心 ⑤固定的卸売価格制

出所：各種の資料により筆者作成。

28　『中国汽車貿易年鑑』1998年版、P132。

をもたらした。さらに、「代理制」は販売店への支援を通して、メーカーと販売店の協力関係を強化しようとしたので、販売店との連携が重要視され始めた。以上のことから考えると、「代理制」は「ディーラー・システム」の啓蒙としての役割が認められる。

　1998年、広州本田は中国政府との交渉を通して自動車の生産権と販売権を手に入れ、同年12月に「ディーラー・システム」を構築し始めた。広州本田は日本の「ディーラー・システム」をそのまま導入したわけではなく、中国の現状に適したいくつかの修正を行った。

　まず、広州本田は「４Ｓ」店と呼ばれる標準型販売店のみを展開していた[29]。「４Ｓ」店とは新車販売（Sale）、部品販売（Spare Part）、アフターサービス（Service）、情報のフィードバック（Survey）という４つの機能を持ち合わせた販売店のことであり、広州本田の場合、その「４Ｓ」店には200モデル店、300モデル店、500モデル店という３つのタイプがあるが、それぞれのタイプの店舗規模、内装、設備、店員の人数、服装、サービス内容などの基準がすべて広州本田によって統一されていた。３つのタイプのうち、最小規模の200モデル店でも5000㎡以上の大型店舗である。

　次に、広州本田はフランチャイズ契約の中に他社製品（自動車及びその関連用品）の取り扱いを禁ずる内容を書き込んだ。つまり、強制的専売制が採用された。そして、広州本田は半径10kmの範囲を１つのテリトリーとして「４Ｓ」店を設置し、１「４Ｓ」店１拠点の基本ルールを設定した[30]。つまり、排他的なテリトリー制が採用された。

　さらに、広州本田は「４Ｓ」店による卸売販売を一切禁じていた[31]。

　このほか、広州本田は最低価格制限を設け、各「４Ｓ」店に統一価格での販売を要求した[32]。

　以上のように、中国では「４Ｓ」店の販売品目、販売地域、販売方式、販売

29　「４Ｓ」店を新設するには、メーカーと新たなフランチャイズ契約を結ばなければならないので、本書では「４Ｓ」店を新車販売、部品販売、アフターサービス、情報のフィードバッグという４つの機能を揃えた専売ディーラーと見なす。
30　現在、広州本田のディーラーのテリトリーは５km圏内へと縮小した。
31　塩地・孫・西川（2007）、P96。
32　2008年８月１日、中国では「反垄断法」（独占禁止法）が実施され、フランチャイズ契約の中では価格制限に関する項目とテリトリー内限定販売に関する項目が消された。しかし、実際に車両の販売価格とディーラーの販売地域はなおメーカーによってコントロールされている。

価格、いずれの面においても広州本田から強いコミットメントを受けている。その後、殆どの大手自動車メーカーは以上のような特徴を持つシステムを導入した[33]。

簡単にいうと、「４Ｓ」方式の「ディーラー・システム」とは「４Ｓ」店という標準型店舗を基本とし、ディーラーを徹底的にコントロールしようとする「ディーラー・システム」である。ここで図表２−６を用いて中日米における「ディーラー・システム」の比較を行う。メーカーとディーラーの関係から見ると、米国の短期志向、日本の長期志向に対して、中国のほうは共同発展、利益の分かち合いなどのスローガンを掲げながらもお互いの関係は明瞭にされていない。但し、専売店制とテリトリー制の面において、中国のディーラーのほうは日本や米国以上にメーカーに制限されている。この段階でメーカーとディーラーとの関係が不明瞭なのはモータリゼーション到来後、自動車販売がずっと好調で、各ディーラーの経営が順調であったからだといえる。

1998年12月、広州本田による「４Ｓ」方式の「ディーラー・システム」の導

図表２−６　中日米における「ディーラー・システム」の比較

	メーカーとディーラーの関係	専売店制	テリトリー制	企業形態	経営規模	販売形態	アフターサービス
米国	短期志向、資本関係無し、相互選択	メーカーの条件を満たせば他社製品の取扱可能	狭域単一販売拠点型、ロケーション制	家業	大小規模ディーラーが混在（店舗規模が小さい）	店頭在庫販売	不十分（販売とサービスの分離）
日本	長期志向、資本関係あり、相互依存	他社製品の併売は殆ど見られない	広域複数販売拠点型、排他的テリトリー制（現：主たる地域販売責任制）	企業	大規模ディーラーが中心（店舗規模にはバラツキがある）	戸別訪問販売（現：店頭販売中心）	極めて徹底
中国	共同発展、互いに利益を分かち合うことを目指している	他社製品の販売を禁じている	狭域単一販売拠点型、排他的テリトリー制	企業	大小規模ディーラーが混在（店舗規模が大きい）	店頭在庫販売	極めて徹底

出所：各種の資料により筆者作成。

33　但し、日系合弁系以外のメーカーは「４Ｓ」店以外の出店形態（「１Ｓ」「２Ｓ」店）もあるが、それらはあくまでも「４Ｓ」店への補完機能として見なされていただけである。

入後、後発合弁系メーカーは一斉に自社の「ディーラー・システム」を構築し始めた。上海GM、一汽トヨタ、長安フォード、東風日産などはその好例である。一方、先発合弁系メーカーも中国側の合弁先から販売権を取り戻し、旧来の流通システムを「ディーラー・システム」に転換させようとした。上海VW、一汽VW、東風シトロエンなどはその例である。さらに、中国民族系メーカーは後発合弁系メーカーを模倣し、独自の「ディーラー・システム」を構築し始めた。代表的なのは奇瑞汽車、吉利汽車、比亜迪汽車である。各タイプの具体的な構築プロセスは第Ⅳ章に譲る。

以上のように、殆どの大手メーカーは「ディーラー・システム」を構築しようとした。つまり、2000年以降、多種多段階性を特徴とする中国の自動車流通システムは「ディーラー・システム」という1つのシステムに向けて収束しつつあった。しかし、一言「ディーラー・システム」といっても、各メーカーの

図表2-7 「ディーラー・システム」の確立期における自動車流通経路

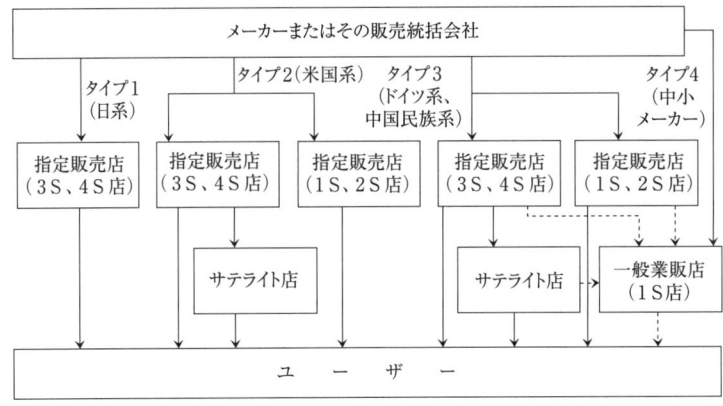

注：①実線はメーカーが認可した正規ルートを示している。
②点線は横流しのルートを示している。
③指定販売店とはメーカーと授権経営契約書（フランチャイズ契約）を結んだ販売店、あるいは事業所のことである。
④「1S」店とは新車販売機能のみの販売店のことであり、「2S」店とは新車販売、部品販売という2つの機能を持つ販売店のことである。一方、「3S」店とは新車販売、部品販売、アフターサービスという3つの機能を持つ販売店のことである。また、「4S」店とは新車販売、部品販売、アフターサービス、情報のフィードバックという4つの機能を持ち合わせた販売店のことである。実際のところ、「4S」店はメーカーによって「3S」店と呼ばれる場合がある。また、現在「4S」店という名が流行し、「3S」店という呼び名は殆ど使われなくなった。
⑤「サテライト店」とはメーカーに認められた「4S」店をハブとする「4S」店の分店のことである。
出所：塩地・孫・西川（2007）、P26により一部修正。

チャネル政策によって必ずしも同じような形態ではなかった。

　図表2-7のように、殆どの大手メーカー、またその販売総括会社は「ディーラー・システム」を利用して販売を行っているが、流通経路の違いによって3つのタイプに分けられる。タイプ1の代表は日系合弁メーカーである。このタイプは指定販売店（「3S」店「4S」店）を経由する単純な1段階の販売ルートを構築していた。タイプ2の代表は米国系合弁メーカーであり、単純な1段階販売ルートに加え、サテライト店を経由する2段階の販売ルートも持っている。タイプ3の代表はドイツ系合弁メーカーと中国民族系メーカーである。タイプ3がタイプ2と同じような販売ルートを築こうとしたが、それぞれの原因で横流しのルートも存在していた[34]。

　「4S」方式の「ディーラー・システム」が中国自動車流通システムの中心となったのはそのシステムの優位性によるものではあるが、政府の推進政策も大きな役割を果した。2005年4月に、「自動車ブランド販売管理実施弁法」が実施され、自動車の販売に当たっては、メーカー、または、その総ディストリビューターから授権を得て、統一した店舗名称、標識、商標のもとで販売しなければならなくなった。この法は併売を平気で行う「一般業販店」を大きく制限したため、旧体制を引きずっていた先発合弁系メーカーのチャネル整理及び中国民族系メーカーのチャネル統制の目標とうまく合致し、メーカー主導の「ディーラー・システム」への収束を加速させた[35]。2000年代半ばに入ると、「4S」方式の「ディーラー・システム」が中国の自動車流通の中心になった。

　一方、この段階において、汽車交易市場（有形市場）が果した役割も無視できない。1990年代後半、政府は個人自動車消費に対する制限を緩和し、そして市場経済への完全移行を促進するため、多くの汽車交易市場を設立した。その時から、汽車交易市場は自動車の個人需要の増大とともに、その勢力を拡大し始めた。2003年時点で、中国全土で約500ヵ所の汽車交易市場が存在し、その

---

[34] その原因については、孫（2006c）は、ドイツ系合弁メーカーは古い販売体制から簡単に抜けないこと、中国民族系メーカーは製品やブランドの知名度と管理経験の低さで完全なる「4S」店体制の導入が困難であることを指摘した。

[35] その時点から法律上において授権を得ていない「一般業販店」が存在しなくなった。しかし、実際に、多くの「一般業販店」は指定販売店と契約し、指定販売店の支店（メーカー非認可店）という仮の身分を手に入れ、自動車販売を続けていた。この場合、これらの店で販売された自動車は指定販売店の販売台数に計上された。

内、年間売上高が1億元以上のものは138ヵ所だとされている[36]。汽車交易市場についての詳述は第Ⅵ章に譲るが、この段階において傍流でありながらも汽車交易市場が確かに存在し、そして大きな影響力を持つことが分かった。また、この段階においては「4S」店と違い、比較購買と低価格の魅力を持つ汽車交易市場はある意味で「4S」方式の「ディーラー・システム」の補完ルートであることも認められる。

　第Ⅰ章の理論と以上の事実を踏まえ、「4S」方式の「ディーラー・システム」が導入された要因は以下の5つだと考えられる。

　まず、「ディーラー・システム」自身が持つ有効性はすでに多くの国で検証され、ビジネスモデルとしてすでに成熟していた。

　次に、政府の自動車流通業促進策と規制緩和策は「ディーラー・システム」導入に大きな役割を果した。広州本田が中国市場に参入する前に、中国政府はすでに「ディーラー・システム」の導入を試みた。その結果が失敗したとはいえ、「ディーラー・システム」の啓蒙としての役割が果された。一方、当時、殆どの外資合弁系メーカーは自動車の販売権を持っていなかった。1998年、広州本田は販売権の獲得を参入条件の1つとして提出し、中国政府の思惑と合致し、政府に認められた。その後、政府は販売権に関する規制を緩和した。2001年WTOに加盟することを契機に政府による価格管理制（双軌制）が完全撤廃され、自動車の自由価格制が実施された一方、自動車卸売業、小売業への外資進出が認められるようになった。これらの規制緩和によって「ディーラー・システム」の導入が可能になった。

　そして、中国における自動車需要の変化によって「ディーラー・システム」導入の必要条件が揃った。2000年以降、中国自動車の個人需要の急成長によってモータリゼーションが到来し、2005年中国では個人需要が自動車需要の中心となった。そして2006年個人需要が全需要の72％まで上昇した[37]。また、当時中国の個人ユーザーは殆ど「エントリーユーザー」であり、自動車に関する知識が非常に乏しいため、修理を含めたアフターサービスの提供が非常に重要となった[38]。「ディーラー・システム」は販売とサービス機能をセットとして提供

36　塩地・孫・西川（2007）、P123。
37　欄山・川邉（2011）、P24。
38　2000年以前、中国では自動車販売と修理サービスとの分離の状態が続いていた。当時、メーカー

しているので、個人ユーザーのそういう需要と非常に合致していた。

さらに、「ディーラー・システム」は中国既存の流通システムより優位性を持っている。「ディーラー・システム」が導入される前に、上海VWのような先発メーカーはすでに全国レベルの販売網を構築していた。しかし、それらのメーカーはチャネルに対するコントロール力が非常に弱く、競争の中で市場シェアがどんどん失われた。一方、後発メーカーは殆ど販売網を持っていなかったため、競争の中で勝つには先発メーカーより販売効率の良い販売網を迅速に展開することが求められていた。「ディーラー・システム」はまさしくその目的を達成する良い方法であった。1998年、上海VWはサンタナという1車種だけで中国自動車市場の53.8％のシェアを獲得したが、2000年に入ると、そのシェアが急速に減少し、2001年に31.4％、2005年に8％まで下がった[39]。ところが、先発メーカーも「ディーラー・システム」という効率的なシステムを導入しようとしたが、既存販売網の整理と再構築には時間がかかるので、後発メーカーほど順調に行かなかった。

最後に、「4S」方式の「ディーラー・システム」は日米の「ディーラー・システム」以上のコントロール力の強いシステムであるため、ブランドイメージが構築しやすくなる。繰り返しになるが、中国の個人ユーザーは「エントリーユーザー」で、ブランドに関する知識が非常に乏しいので、いち早くブランドイメージを確立し、個人ユーザーを囲い込む必要があった。「4S」店は店舗の外観、店員の服といった外見だけでなく、提供すべきサービス、所要時間、サービス料金などのすべてが標準化されていたので、消費者に安心感を与えることができる。

以上のように、2000年前後、規制緩和を見込んで、多くの外国メーカーが中国自動車市場に新規参入した。これらのメーカーは中国の個人ユーザーに対応し、そして先発メーカーに勝つために、「ディーラー・システム」を導入した。そして、「ディーラー・システム」が現地適応化され、「4S」方式の「ディーラー・システム」として定着しつつあった。一方、先発メーカーも「4S」方

の主なユーザーが政府機関と企業法人であった。これらのユーザーの多くは機関内、あるいは企業内において修理工場を持っているので、メーカーにとって修理サービスがそれほど重要ではなかった。

39 『上海大衆汽車集団年報』及び『中国汽車年鑑』2006年。

式の「ディーラー・システム」の有効性に気づき、「４Ｓ」方式の「ディーラー・システム」への転換を試みた。また、中国民族系のメーカーも「４Ｓ」方式の「ディーラー・システム」を模倣し始めた。さらに、政府は多くの政策を実施し、「ディーラー・システム」の導入と定着に力を入れた。その結果、前段階で形成した多種多段階性の流通経路が収束し、「４Ｓ」方式の「ディーラー・システム」が中国の自動車流通システムの中心になった。

(4) 「ディーラー・システム」の変容期（2008年以降）

　2008年、米国発の国際金融危機に加え、自然災害の発生、原油価格の高騰、材料費の値上げなどにより、中国全土の景気が悪化し、中国自動車市場の成長は鈍化した。一方、販売拠点数の増加によって各メーカー間の競争が白熱化してきた。それに伴い、「４Ｓ」方式の「ディーラー・システム」は多くの問題点を露出した。

　まず、「４Ｓ」方式の「ディーラー・システム」(以下、「４Ｓ」方式）は基本的に「４Ｓ」店という単一かつ標準的な出店方式を取ったため、「４Ｓ」店の弱点はそのままシステムの弱点となった。「４Ｓ」店がメーカーによって少しの差はあるが、基本的に大規模な店舗作り（通常、外資合弁系の場合、5000㎡以上、中国民族系の場合、3000㎡以上）が求められている。大型の店舗、設備の完備、多大の投資金額、つまり「４Ｓ」方式には高コスト体制の問題が存在する。通常、「４Ｓ」店の設立資本として外資合弁系は2000万元（約2.56億円）以上、中国民族系は1000万元（約1.3億円）以上がかかるとされている[40]。2001年以降、自動車市場が急成長したため、多くの「４Ｓ」店は殆ど３～５年間で投資コストを回収することができた。しかし、2005年以降、競争の激化によって「４Ｓ」店の資本回収期間が長期化の傾向になり、そして2008になると、市場成長の鈍化で「４Ｓ」店が完全に経営難に遭遇した。「2008年中国汽車経銷商満足度最新調研報告」によると、2008年、中国では80％以上のディーラーが赤字経営となり、その内、43％のディーラーが倒産、あるいは買収の危機に陥った。

　次に、「４Ｓ」方式は三、四級都市の需要に対応しにくい。「４Ｓ」方式という高コストを高収益で補おうとするビジネスモデルは中国の一、二級都市に適

40　１人民元＝12.8円という当時の為替レートで換算する。以下、特に説明していない場合はこの為替レートで換算する。

応したとしても、必ず三、四級都市、あるいはそのレベル以下の需要に適応するわけではない。三、四級都市は一、二級都市のように消費が集中しているわけではないため、「4S」店にとって採算性の問題が存在していた。2005年、三、四級都市での自動車販売台数は全国の販売台数の34.8％しかなかったが、2008年に41.5％、そして2009年に全国の45.4％まで占めるようになった[41]。つまり、一、二級都市の自動車市場が飽和しつつある一方、三、四級都市は新たな成長点となり始めた。

さらに、「4S」方式は出店規制に対応しにくい。北京のような大都市の都心部においては「4S」店の出店がすでに制限されるようになった。修理工場を併設した「4S」店は騒音、大気汚染、そして土地資源の浪費などの問題で中国政府に制限をかけられた。中国では110社以上のメーカーが存在し、そして殆どのメーカーは「4S」方式を採用したため、各「4S」店によって併設された修理工場が多く、これは大都市の環境に多大な負担をかけた。また、ブランド専属の修理工場の設立は自動車流通全体から見ると重複投資の問題となっている。

このほか、サービスの同質化の問題が存在する。「4S」方式のもとでディーラーはメーカーによって設けられた多数の基準に従わなければならない。ディーラーはそれをクリアすることで精一杯で差別化を図る行動が取りにくくなった。実際に、どの「4S」店においても提供されたサービスには大きな差はなかった。

最後に、「ディーラー・システム」自身による限界性で多様化した需要を満たすことが困難であった。「ディーラー・システム」の維持には専売制が必要不可欠であるため、殆どのディーラーは専売を行わなければならない。また、1つ以上のフランチャイズ権を持っていたとしても、基本的に違う販売店を設立しなければならない。しかも、販売店の設置場所の選定にはメーカーの許可が必要である。さらに、メーカーは競争を避けるために、自社のディーラーを他のメーカーのディーラーから一定の距離のところに置く傾向があった。その結果、消費者は各店舗を見回るしかなかった。つまり、比較購買が殆どできなくなった。

---

41 『中国汽車流通行業発展報告』(2011-2012)、P39。

図表2-8　中国自動車流通形態の多元化

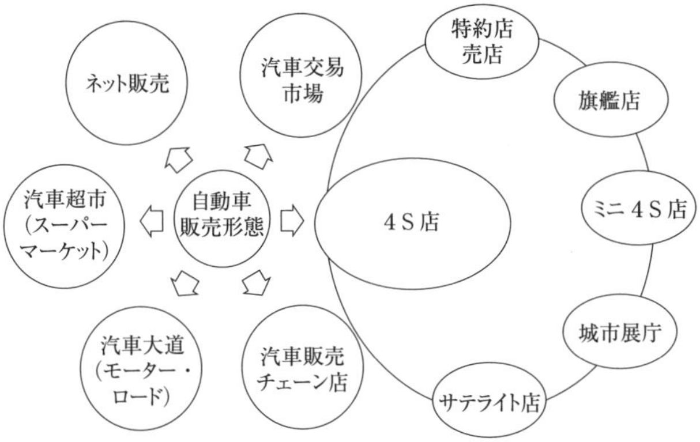

（図：自動車販売形態を中心に、ネット販売、汽車交易市場、特約販売店、旗艦店、ミニ4S店、城市展庁、サテライト店、4S店、汽車販売チェーン店、汽車大道（モーター・ロード）、汽車超市（スーパーマーケット）が配置されている）

出所：筆者作成。

「4S」方式の「ディーラー・システム」の問題点を解決するために、殆どの大手メーカーは店舗形態の多様化政策とサテライト店によるチャネル浸透政策を打ち出した。図表2-8のように、まず2008年以降、特約販売店（一般「4S」店）のほか、旗艦店、ミニ「4S」店、城市展庁、サテライト店などの形態が見られるようになった。

　旗艦店とは自動車ブランドのイメージをアップさせるために設立された超大型「4S」店のことである。通常、「4S」店以上の機能を持っている。例えば、南京で設立された一汽VWの旗艦店は1万4000㎡の敷地面積を占め、4S機能のほか、中古車の買い替え、ブランドの体験（展示）、子供の遊び場、映画館、Bar、ビリヤード室などのレジャー機能をも揃えている。

　ミニ「4S」店とはメーカーと直接フランチャイズ契約を交わした小規模の「4S」店のことである。「4S」店より展示スペースと修理スペースが少ないが、「4S」店と同じような機能を持っている。規模は通常の「4S」店の半分以下である。

　城市展庁とは大中都市の都心部にある建物を改装し、ブランドのイメージのアップに繋がるために設立された販売店のことである。大中都市の都心部においては、出店の規制が厳しいため、標準的な設計、店舗ではなく、個性的な店舗作りが必要となった。城市展庁は通常、場所によって違う建築様式を持ち、新車販売の機能だけ、あるいは、新車販売の機能と簡易な修理機能しか持って

いない。また、城市展庁は飽和状態になった都心部に位置しているため、初期投資額が低くても維持費が高いため、現段階では殆ど「４Ｓ」店の分店として展開されている。

　一方、サテライト店とはメーカーの正式認可を受けた「４Ｓ」店をハブとする「４Ｓ」店の分店のことである[42]。通常、サテライト店は小規模で郊外に立地するが、汽車交易市場に立地することも多い。サテライト店は城市展庁より低コストで、新車販売の機能と簡易な修理機能を持ち合わせている。コストの差のほか、サテライト店と城市展庁との主な区別は立地及び目的の違いにある。前に述べたように、城市展庁はブランドのイメージアップを目的として都心部に立地している。これに対して、サテライト店は郊外の空白市場や汽車交易市場に立地し、自動車の販売増を狙う出店方式である。サテライト店の初期コストと規模は「４Ｓ」店の1/7～1/10程度だとされる。例えば、広州本田の場合、「４Ｓ」店の初期コストが2000万元（約２億5600万円）以上であるのに対して、サテライト店の初期コストが300万元（約3800万円）前後である[43]。

　新しい店舗形態の中で、サテライト店の発展は特に急速である。2008年、東風日産、一汽豊田はサテライト店という出店方式を実験的に展開した。2009年初め、広州本田は二、三級都市でサテライト店を設置し始めた。基本的に、広州本田のサテライト店はその「４Ｓ」店の周辺100km圏内に配置されている。2011年８月まで広州本田のサテライト店は69店まで増加した[44]。2013年９月になると、広州本田のサテライト店は107店、全ディーラー数の約２割程度まで増加した[45]。一方、2009年の時点で、北京現代のサテライト店数は150店舗（ミニ「４Ｓ」店を含め）で、全販売店数の1/3弱の割合であった[46]。また、2010年６月の時点で、東風日産のサテライト店数は200店で、「４Ｓ」店数の1/3ぐらいとなった。同年、一汽マツダは500店舗以上のサテライト店を展開していた。

　多様な店舗形態の出現に加え、サテライト店の展開によるディーラーのテリトリーとディーラー成長モデルの変化、つまり「４Ｓ」方式の「ディーラー・システム」が部分的に変容し始めた。しかし、「ディーラー・システム」自身

42　メーカーによって、城市展庁はサテライト店として計上される場合も少なくない。
43　「汽車４Ｓ店艱難維生　２Ｓ店異軍突起成新寵」『南方都市報』、2012年８月９日付け。
44　西川（2011)、P182。
45　広州本田のHPから数えて算出した。
46　「北京現代的"組合拳"和"衛星店"」『京華時報』、2010年６月３日付け。

による限界性があって、メーカーの政策だけでは多様化した自動車需要を満たすのはなお難しかった。一方、この段階においては、「ディーラー・システム」の弱点を克服できるいくつかの販売形態が出現した。それは汽車交易市場、ネット販売、汽車超市、汽車大道、汽車販売チェーン店などの販売形態である。汽車交易市場については前に少し触れたが、この段階において汽車交易市場は「４Ｓ」店を取り込むことに成功し、新たな販売形態として重要な役割を果した。2009年、汽車交易市場での新車販売台数は専売店（「４Ｓ」店のほかに、ミニ「４Ｓ」店や城市展庁などが含まれる）の新車販売台数と同じく、全体の49.8％を占めていた[47]。

　ネット販売に関する販売形態がいろいろあるが、ここで主にインターネットを通しての自動車集団購買を指している。具体的なプロセスとしては、①消費者は予め購入したい車を決めてから、OBS（オンライン・バイイング・サービス）事業者のHPで申込む。②各「４Ｓ」店は希望車種と申込者の人数によって販売価格を提示する。③OBS事業者はその最低価格を選定し、正式購入日の前日にメールや電話で消費者に提示する。④その価格を納得した消費者に集合場所を提示し、消費者が実際の購入を行う。

　汽車超市（自動車スーパーマーケット）とは１つの店舗の中で多種のブランド車を展示・販売する販売店のことである。例えば、2007年１月に開業した申蓉汽車超市（メガ・ディーラー傘下）は東風日産、広州本田、一汽マツダ、豊田、一汽VW、東風シトロエン、奇瑞などのブランドを取り扱い、100車種以上の自動車を店頭で展示している。しかし、この販売形態はメーカーから強い圧力を受けたため、多くの場合、輸入車の販売に限定されている。

　汽車大道とは自動車販売店が自然発生した商業集積のことである[48]。数年前、ディーラーは相手との競争を回避するため、できるだけ相手から離れたところに店舗を構えたが、現在、ディーラーは競争相手の近くに店舗を構えることが多く見られるようになった。それは比較購買による集客力のアップが必要とされるようになったからである。

　汽車販売チェーン店とは１つの事業者が自動車販売店をチェーン店方式で展開している形態である。2008年以降、ディーラーの大規模化が急速に進み、い

47　『中国汽車流通行業発展報告』(2009-2010)。
48　政府の都市計画に影響される場合もある。

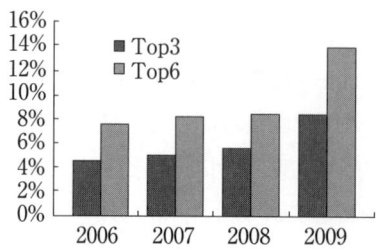

図表2-9　ディーラー・グループTop3とTop6の売上高のシェアの推移

出所：中国国際金融有限公司、「汽車産業鏈中的成長金矿汽車経销商行業首次关注報告」、2010年9月21日。

くつかの全国規模のメガ・ディーラーが現れた。図表2-9のように、2008年から2009年までの1年間、ディーラー・グループのトップ3の売上高のシェアが中国全国の約5.6%から約8.8%まで上昇した。一方、ディーラー・グループのトップ6の売上高のシェアは約8%から約14%まで上昇した。これらのメガ・ディーラーはディーラーを次々に買収し、チェーン店方式で販売網を展開したのも少なくなかったが、汽車超市と同じくメーカーから強い圧力を受け、チェーン店方式より「4S」方式のほうが多く採用された。

　前述したように、2008年、多くのディーラーが倒産の危機に陥った。それをチャンスと捉えたのは大規模ディーラー・グループ（メガ・ディーラー）である。大規模ディーラー・グループは買収を通して急速に大規模化し始めた。実際に、このようなディーラーの大規模化に伴って、自動車流通業の集中化がすでに始まった。図表2-10のように、2008年の時点で、ディーラー・グループに属するディーラー数は全体の25%しかなかったが、その販売台数は全国の44%を占

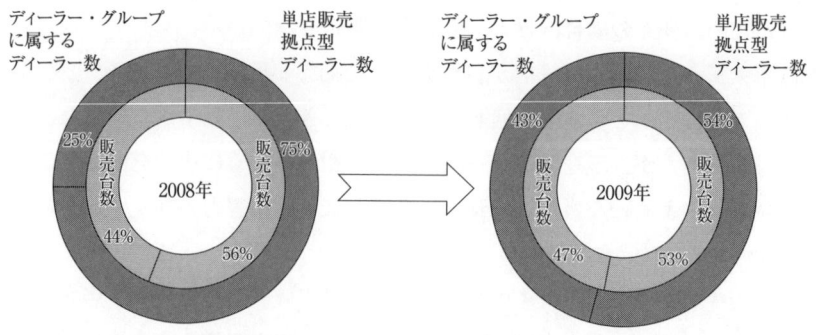

図表2-10　2008年と2009年におけるディーラー・グループと単店販売拠点型ディーラーとの比較

注：①2009年のデータは新華信がディーラー1000社に対する調査で得られた結果である。
　　②ディーラー数の割合は狭義の乗用車の場合（普通型乗用車、SUV、MPV）に限って算出された。
出所：『中国汽車流通行業発展報告』（2009-2010）により筆者作成。

第Ⅱ章　中国の自動車流通の発展と「ディーラー・システム」の変容

図表2-11　ディーラー・グループ上位100社の概況

	ディーラー数 (全国ディーラー数に 対する割合)	販売台数 (全国販売台数に 対する割合)	売上高 (業界全体に 対する割合)
2009	1556 (11.5%)	195万8700台 (14.3%)	3284億元
2010	3108 (約18%)	278万1600台 (15.4%)	6700億元 (約23%)
2011	3952 (19.5%)	392万200台 (21.3%)	8515億元 (29.6%)
2012	4287 (20%)	483万8400台 (25%)	9664億元

注：①ディーラー数の割合は乗用車の場合に限って算出した。
　　②ディーラーとは特約販売商のことである。
出所：『中国汽車流通行業発展報告』各年版により筆者作成。

めていた。2009年になると、ディーラーの集中化がさらに進み、ディーラー・グループに属するディーラー数は全体の46％まで増えて、そして、その販売台数の割合は全国の47％まで拡大した[49]。

　2009年3月、政府は「自動車産業調整と振興計画」を発表し、乗用車の購置税の減額、「自動車下郷」、買い替え補助、自動車ローンの提供などいくつかの自動車購買促進政策を実施した[50]。その結果、中国の自動車販売台数は2009年、2010年の2年間だけで868万台の増加が実現された。同時に、2008年から始まったディーラーの大規模化がさらに進んでいた。図表2-11で示しているように、ディーラー・グループ上位100社に属するディーラー数が年々増えつつ、2009年から2012年の4年間で約3倍弱の成長を見せた。一方、販売台数から見ると、上位100社の新車販売台数は2009年の195万8700台から2012年の483万8400台まで増加し、全国の1/4のシェアを獲得するようになった。また、上位100社の売上高は2009年の3284億元から2012年の9664億元まで3倍ほどの成長を示していた。

　以上のように、2008年以降、「4S」方式の「ディーラー・システム」が部分的に変容し、自動車流通形態が多元化しつつある。その内、汽車交易市場が

49　ディーラー数は21％も増加したにも拘らず、販売台数の増加は3％程度しかなかった。その原因は、買収されたのが殆ど販売不振なディーラーだったと考えられる。
50　「自動車下郷」は農村部での自動車普及を目的として、農村人口に特別の補助金を提供することで旧型車の廃棄及び新車の購入を促す政策である。

「４Ｓ」店を取り込むことで成功し、大きな成果を収めた。一方、ディーラーの大規模化が急速に進み、自動車流通業の集中化が進められた。ディーラーの大規模化とディーラーの集中化は間違いなく、「４Ｓ」方式の「ディーラー・システム」に大きな変容をもたらすのであろう。この後この問題を含めて、「ディーラー・システム」の具体的な変容プロセスと変容の可能性について考察する。

この章において、流通主体や流通経路の変化によって、中国自動車流通の発展プロセスを４段階に分けた。それは計画経済期（1949年〜1978年）、初期混沌期（1979年〜1999年）、「ディーラー・システム」の確立期（2000年〜2008年）、「ディーラー・システム」の変容期（2008年以降）である。

計画経済期においては、計画経済という大きな背景のもとに中国自動車の流通は殆ど指令性分配計画で行われた。指令性分配計画とは政府の指令のもとで自動車が生産され、そしてユーザーに分配されていくことである。もちろん、分配先や分配台数はすべて政府によって決められている。つまり、当時の中国では自動車市場はまだ存在しなかった。この段階において自動車の流通は主に機械工業部や中国機電設備総公司などによって上級部門から下級部門へと段階的に行われた。つまり、この段階では自動車流通の多段階性がすでに存在していた。

初期混沌期においては、指導性分配計画の導入によって、自動車流通の中で指令性分配計画の割合が減少し、メーカーは一部分の自動車を自主的に販売することができるようになった。しかし、当時、メーカーの販売網が殆ど構築されなかったため、従来の自動車流通企業を利用せざるを得なかった。一方、自動車の需要が供給を大きく上回った状況で、多くの新規参入者（一般流通企業）が現れた。1990年代以降、自動車メーカーは自動車販売の重要性を認識し、積極的に自社販売網の構築に乗り出した。しかし、メーカーが独自で販売網を構築する力はなかったため、従来の流通企業と手を組んで聯営・聯合公司を創設することが主な手段となった。つまり、この段階において中心的な流通主体は聯営・聯合公司である。ところが、メーカーの販売経験、管理方法及び出資方式などの原因でこれらの聯営・聯合公司は殆ど従来の流通企業によってコントロールされていた。従来の流通企業は旧分配システムの一員であるため、入手した自動車を旧分配システムに乗せて販売することが多かった。つまり、旧分

配システムの多段階性がそのまま継承されたともいえる。一方、多くの新規参入者がメーカーからだけでなく、自社との関係のある流通企業からも仕入れようとした。その結果、この段階において自動車流通の多段階性が複雑化し、多種多段階性の特徴を呈した。

「ディーラー・システム」の確立期においては、規制緩和を見込んで、多くの外国メーカーが中国自動車市場に参入した。これらのメーカーは中国の個人ユーザーに対応し、そして先発合弁系メーカーに勝つために、「ディーラー・システム」を導入した。「ディーラー・システム」は現地適応化され、「4S」方式の「ディーラー・システム」として定着し始めた。一方、先発合弁系メーカーも「4S」方式の「ディーラー・システム」の有効性に気づき、「4S」方式の「ディーラー・システム」への転換を試みた。また、中国民族系のメーカーも「4S」方式の「ディーラー・システム」を模倣し始めた。さらに、政府は多くの促進政策を実施し、「ディーラー・システム」の導入と定着に力を入れた。その結果、前段階で形成した多種多段階の流通経路が収束し、「4S」方式の「ディーラー・システム」が中国の自動車流通システムの中心となった。一方、初期混沌期に開設された汽車交易市場が個人需要の拡大に伴って成長し、この段階において一定の役割を果たした。この段階の流通主体は「4S」店を中心とするディーラーと汽車交易市場である。

「ディーラー・システム」の変容期においては、「4S」方式の「ディーラー・システム」は多くの問題点を露出した。それらの問題点を解決するため、メーカーは店舗形態の多様化政策とサテライト店によるチャネル浸透政策を打ち出した。そこで、「ディーラー・システム」の変容が始まった。一方、「ディーラー・システム」自身による限界性があり、その限界性を補ういくつかの流通形態も現れた。その内、汽車交易市場が「4S」店を取り込むことで成功し、大きな成果を収めた。一方、ディーラーの大規模化が急速に進むことによって、自動車流通業の集中化も急進化し始めた。この段階の流通主体は多様化したディーラー、ディーラー・グループ及び汽車交易市場である。

第Ⅲ章
マクロの視点から見る「ディーラー・システム」の変容

　自動車流通の発展史の中で産業構造、政府の政策及び需要の変化といった3つの要因は大きな役割を果たしていた。本章ではこの3つの視点から「ディーラー・システム」の変容を考察していく。

第1節　自動車産業構造と「ディーラー・システム」の変容

　2001年、WTOに加盟して以降、多くの自動車メーカーの参入によって中国自動車産業が大きく変化し、複雑な構造が形成された。まず、中国側のメーカー・グループの視点から見ると、自動車産業の集中化は進んでいたが、各自動車メーカーの視点から見ると、殆ど進んでいなかった。図表3-1のように、2011年、中国自動車グループトップ10の総販売台数は1609万1300台で、中国自動車市場全体シェアの約87％を占めていた。その内、トップ3だけで962万6000台、全体シェアの約52％をも占めていた。

　しかし、視点をメーカー・レベルに切り替えると、集中化が殆ど見られなかった。まず、中国では自動車メーカーの数が依然として多く、減少する傾向はなかった。現在、中国においてはまだ110社以上のメーカーが存在している。そして、各メーカーの市場シェアは依然として低く、販売の集中化も見られなかった。図表3-2のように、2012年においては、トップの上海GMでさえも8.8％の市場シェアしか獲得できていなかった。一方、メーカーのトップ10社の合計販売台数は907万1100台で、全国販売台数の58.54％を占めていた。実際に、2007年当時、中国乗用車メーカーのトップ10の販売台数は364万5100台しかなかったが、そのシェアはすでに全国販売台数の58％を占めていた。つまり、メーカー・レベルから見ると、この5年間、集中化が殆ど進んでいかなかったともいえる。

　また、中国の自動車産業はメーカー・グループにしても、外資系メーカーに

図表3-1　中国自動車グループトップ10の販売台数と市場シェア（2011年）

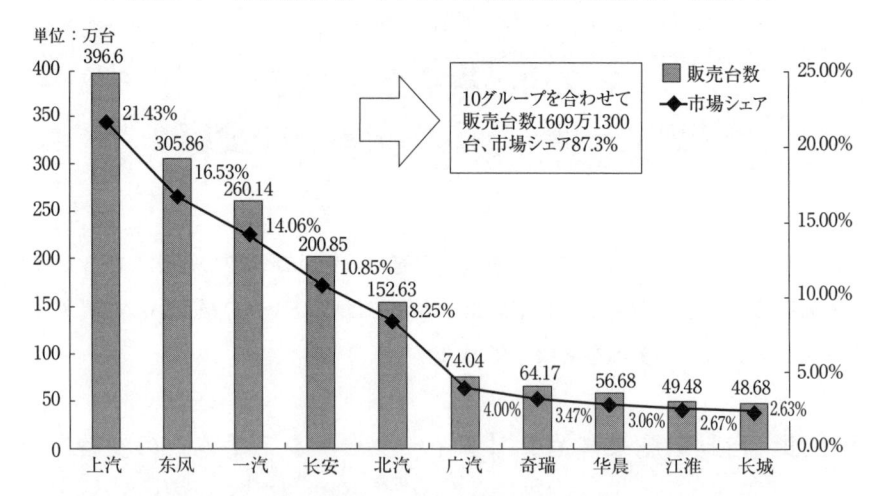

単位：万台

企業	販売台数（万台）	市場シェア
上汽	396.6	21.43%
东风	305.86	16.53%
一汽	260.14	14.06%
长安	200.85	10.85%
北汽	152.63	8.25%
广汽	74.04	4.00%
奇瑞	64.17	3.47%
华晨	56.68	3.06%
江淮	49.48	2.67%
长城	48.68	2.63%

10グループを合わせて販売台数1609万1300台、市場シェア87.3%

出所：『2011年度上海汽車行業統計分析』により一部修正。

図表3-2　中国乗用車メーカーのトップ10の販売台数と市場シェア（2012年）

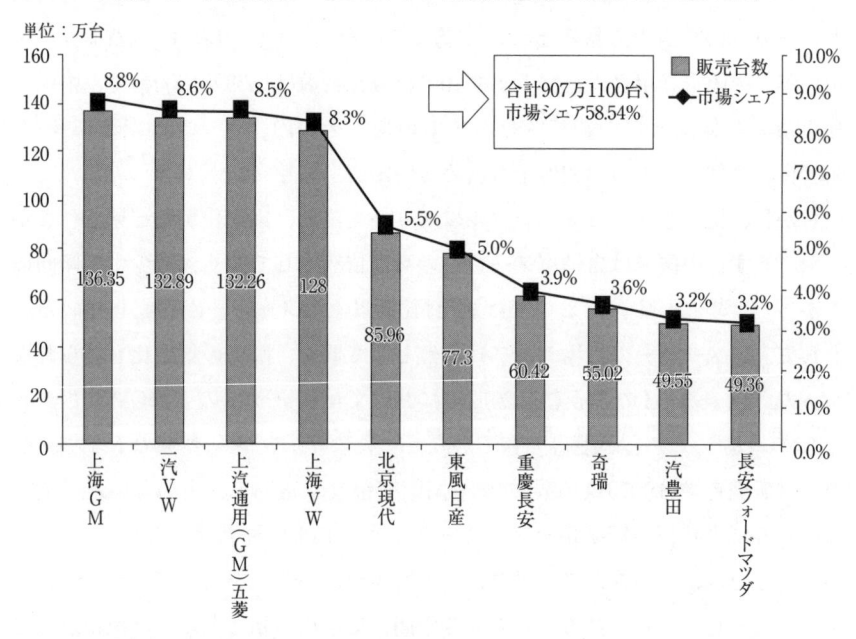

単位：万台

メーカー	販売台数（万台）	市場シェア
上海GM	136.35	8.8%
一汽VW	132.89	8.6%
上汽通用（GM）五菱	132.26	8.5%
上海VW	128	8.3%
北京現代	85.96	5.5%
東風日産	77.3	5.0%
重慶長安	60.42	3.9%
奇瑞	55.02	3.6%
一汽豊田	49.55	3.2%
長安フォードマツダ	49.36	3.2%

合計907万1100台、市場シェア58.54%

出所：中国汽車工業協会のデータにより筆者作成。

しても、どちらの視点から見ても多重競争構造が存在している。中国のメーカー・グループから見ると、例えば上海汽車グループはGM社及びVW社とそれぞれの合弁会社である上海通用（GM）と上海大衆（VW）を設立したが、上海GMと上海VWの間に激しい競争が繰り広げられた。また、上海汽車グループは独自資本の会社も持っているので、その会社も上海GMや上海VWとは競争関係にある。一方、外資系メーカーの視点から見ると、例えばVW社は上海汽車と一汽汽車の2社とそれぞれの合弁会社を創設したが、実際に上海VWと一汽VWの間にも競争が存在している。さらに、外資系メーカーの多くは輸入車販売の専門チャネルを設置したので、輸入車ブランドに加え、ブランド間の競争関係がさらに複雑になった。例えば、北京ベンツと輸入車のベンツの間に激しい競争が繰り広げられた。一時期に、その競争により輸入車のベンツは値下げして、同じグレードの北京ベンツより安いこともあった。

　一方、資本関係のあるメーカーの販売網においては競争関係が存在するだけではなかった。2000年からVW社は輸入車VW、上海VW、一汽VWの3つの販売網を1つに統一させようとしたが、中国合弁側の反対で失敗した。とはいえ、VW社はこれからの統一のために、上海VWと一汽VWの「4S」店のフォーマットを統一させ、上海VWと一汽VWとの連携を強化させようとした。2008年5月、VWの輸入車を含め、上海VWと一汽VWとの併売が実験的に展開された[51]。また、資本関係のある販売網が統一されたケースもある。2007年1月から長安スズキと昌河スズキの併売が実験的に行われ、2009年昌河スズキが長安汽車グループに吸収され、スズキの販売網は統一された。

　このような複雑な産業構造が出来上がったのは主に中国政府の政策によるものである。1994年に実施された「中国自動車産業発展政策」の中で、外資系メーカーと中国メーカーとの合弁会社に関しては乗用車2社、商用車1社が認められている。多くの外資系メーカーはより多くの市場シェアを獲得し、そしてリスクを分散するために殆ど中国側の2社と合弁会社を設立した。2005年4月に実施された「自動車ブランド販売管理弁法」では、合弁会社が2社の場合、それぞれを異なる自動車ブランドとして認定し、異なる販売ルートの構築を認可した。

51　薛凌「南北大衆并网让中国车市放开渠道控制？」『経済参考報』2008年5月8日付け。

複雑な産業構造を形成させたもう1つの要因は中国に参入したメーカー数とブランド数の多さである。現在、世界大手のメーカーが殆ど中国に出揃った。しかも、これらのメーカーができるだけ多くのブランドを中国に導入しようとした。GM社のBuick、Cadillac、Chevrolet、Saab（現・売却）、Opel、VW社のVW、Audi、Škoda、日産－ルノー・グループの日産、インフィニティ、ルノー、PSA・プジョーシトロエン・グループのプジョー、シトロエンなどがそれぞれのメーカーによって導入された。中には殆どのメーカーが中国側の2社と合弁会社を設立したので、1つのブランドが2つに分割され、ブランドの股裂問題も引き起こされた。一方、2006年中国政府が自主ブランド奨励政策を打ち出したのをきっかけに、多くの外資合弁系メーカーも自主ブランドを作り始めた[52]。例えば、広州本田の「理念」、東風日産の「啓辰」、一汽VWの「開利」、上海VWの「朗逸」、上海GM五菱の「宝駿」が挙げられる。さらに、1990年後半から、多くの中国民族系メーカーが新規参入し、そして多ブランド戦略を取っていた。その結果、中国では自動車ブランド数がメーカー数の倍以上となり、ブランド間の競争が白熱化した。また、各ブランドの特徴を前面に出し、他のブランドとの差別化を図るために、各メーカーはブランド別の販売ルートを構築した[53]。

以上のように、中国の複雑な産業構造のもとでブランド別の販売チャネルが多数存在し、そして各販売チャネル間に激しい競争が繰り広げられていた。激しい競争の中で生き残るため、メーカーは販売網の調整と販売形態の多様化に積極的に取り組んだ。販売網の調整に関しては、2006年、クライスラー社はダッジというブランドを中国に導入し、独自の販売網を展開していた。2007年末、ダッジの「4S」店が29店舗であった。しかし、2008年5月以降、クライスラー社のチャネル政策が一転し、北京ジープの「4S」店では、ジープ、クライスラー、ダッジの3つのブランド車が併売されるようになった[54]。一方、2008年から、比亜迪汽車（BYD）は自社の販売網を3つに分け、販売拠点数を約600から約1200まで倍増させた。しかし、2012年以降、BYDの販売網が2つに

---

52 自主ブランドとは知的財産権が中国企業側にあるブランドのことである。
53 ブランド別の販売ルートとは、クラウンとカムリのような車種別販売ルートではなく、上海VWとシュコダ、あるいはビュイックとシボレーなどのような違うブランドの販売ルートである。
54 易車網「克莱斯勒、吉普、道奇在华并网销售」。
　http://news.bitauto.com/others/20080425/0200456972.html、2013年4月25日。

集約され、2013年1月時点で2008年に比べれば、販売拠点数の1/3ほどが減少した[55]。また、奇瑞汽車は2004年に「分網制」、2009年にマルチブランド政策、2012年に単一ブランドへの集約化政策など、多様な販売体制を試みてきた。販売形態の多様化に関しては、前章で述べた販売形態のほかに、新たな販売形態を試みたメーカーも存在していた。2012年6月から東風日産が新たなディーラーとしての「精英店」を設置した[56]。「精英店」は今までの「4S」店より規模が小さいが、日産ブランドと啓辰ブランド（自主ブランド）が併売されている。

ところが、各メーカーの販売網の本格的な整理はまだその先にあるといえる。それは中国の自動車市場がまだ飽和状態になっていないからである。2010年、中国の1000人当たりの自動車保有台数は50台で、日本の1/10以下、米国の1/16程度の水準であった[57]。一方、中国では、地域によって自動車の保有台数は大きな差がある。2010年、北京の1000人当たりの自動車保有台数は229台で、中国平均水準の4倍以上であった。一方、中国の農村部においては、自動車の普及率はまだ低い水準に止まっている。しかし、図表3-3で示しているように、2011年の農村部の1人当たり可処分所得は6977元で、都市部の2001年の水準に到達した。つまり、これから農村部においてはモータリゼーションの到来が否定できない。これから農村部及びその周辺の三、四級都市でのシェアの獲得が各メーカーの中国での成敗を決める鍵となる。

以上のように、中国の複雑な産業構造のもとで各メーカー間、特に各ブランド間の競争が熾烈かつ複雑であった。販売の効率化を図り、各メーカーは販売網を頻繁に調整し、多様な店舗形態を出した。これは中国という市場が未飽和状態にあるからだといえる。中国自動車市場が飽和状態になるにはまだ一定の時間がかかるが、これから産業集中化が進んでいったら、自動車の販売チャネルが本格的に整理され、「ディーラー・システム」がさらに変容していくのであろう。また、自動車販売競争の中心地が一、二級都市から三、四級都市に移りつつ、これから競争が一層激しくなるであろう。

---

55 「王伝福：比亜迪整合結束　経銷商減至800家」『京華時報』、2013年1月18日。
56 「精英店」とはエリートが経営する店であり、具体的にいえば、東風日産は自社がエリートと認めた人に資本金とフランチャイズ権などを提供し、店舗の経営を任せることである。通常、「精英店」の出店コストが300万〜500万元であるが、エリートの個人は50万〜60万元の出資だけで経営者になれるという。殆ど東風日産の出資のため、直営店に近い販売方式ともいえる。
57 日本自動車工業会「世界自動車統計年報」（最新版：2012年版）のデータ。

図表3-3　2000年～2011年1人当たり可処分所得の推移

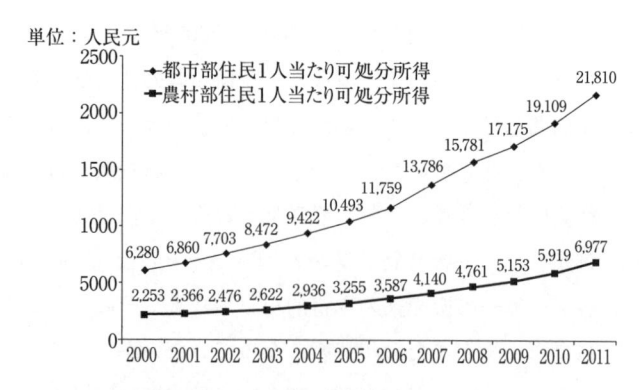

単位：人民元

年	都市部住民1人当たり可処分所得	農村部住民1人当たり可処分所得
2000	6,280	2,253
2001	6,860	2,366
2002	7,703	2,476
2003	8,472	2,622
2004	9,422	2,936
2005	10,493	3,255
2006	11,759	3,587
2007	13,786	4,140
2008	15,781	4,761
2009	17,175	5,153
2010	19,109	5,919
2011	21,810	6,977

出所：『中国統計年鑑』各年版により筆者作成。

第2節　自動車流通政策と「ディーラー・システム」の変容

　1986年、中国政府は「第7次五ヵ年計画」を発表し、初めて自動車産業を柱産業として育成しようとした。この後、中国政府は続々と自動車産業促進策を打ち出した。一方、自動車流通に関する政策は非常に少なかった。2000年までに自動車流通に関する政策は殆ど自動車産業政策の補充策として組み入れていた。

　2000年以降、中国政府は続々と自動車流通関連政策を打ち出した。具体的に、2004年に「自動車ローンの管理方法」、2005年に「自動車ブランド販売管理弁法」と「自動車貿易管理方法」、2006年に「中古車取引規範」、2007に「ブランド車販売企業の登録業務の確実な遂行に関する通知」、2008年に「自動車金融公司の管理方法」、2009年に「自動車消費の促進に関する意見」と「内需拡大を促進するための自動車及び家電の買い替えの奨励に関する実施方案」、2011年にエコカーの減税政策、2013年に「家庭用自動車製品修理、交換、返品責任規定」がある。

　2000年以降、中国の自動車流通システムに一番大きな影響を与えたのは「自動車ブランド販売管理弁法」である。「自動車ブランド販売管理弁法」によると、「自動車ブランド販売とは、自動車供給商（メーカー）、または、その授権を受けている自動車ブランド販売商（ディーラー）が統一した店舗名、標識、商標などを使用し、自動車の経営活動に従事する行為を指す」。同法によると、

「自動車ブランド販売商」の設立はもちろん、チェーン展開も「自動車供給商」による正式な授権を受けなければならない。しかも、非法人格の支店を設立する場合にも「自動車供給商」による授権が必要である。「行為規範」に関しては、「自動車供給商」の場合、①授権を受けていない企業に自社の製品を提供してはならない。②販売拠点とそれとセットとなっている部品供給、アフターサービス拠点との距離は150kmを超えてはならない。③ブランド販売商の販売、宣伝、アフターサービスなどの業務に対して相応のトレーニング及び必要な技術支援を提供しなければならない。④「授権契約書」による別途規定を除く、供給商はブランド販売商の授権販売地域内においてユーザーに直接販売をしてはならない。「自動車ブランド販売商」の場合、①契約の厳守、サービス商標の使用及び供給商のブランドイメージの維持に努める。②授権された店舗名称、標識、商標を明示し、非授権車を販売してはならない。③自動車供給商の許可を得た場合を除く、エンド・ユーザーのみに販売する。④営業場所内において自動車販売価格、各種費用徴収基準を明示する[58]。

　以上のように、「自動車ブランド販売管理弁法」の中では殆どフランチャイズ契約と同様に、明確な契約関係、専売制、テリトリー制、小売販売などの内容が盛り込まれている。中国政府は法的な手段を通して中国の自動車流通システムを「ディーラー・システム」へと移行させようとした。その結果、前に述べたように、「4S」方式の「ディーラー・システム」が中国自動車流通の中心となった。また、同法の中にはメーカーにとって有利な内容が多く含まれているので、メーカーの支配力を強化させた。一方、自動車販売業者はメーカーによる「授権」を受け、そして契約通りに行動しなければならなくなったので、さらに弱い立場に置かれた。

　2007年12月、500社のディーラーは連名で中国商務省に「自動車ブランド販売管理弁法」の修正を要請した[59]。2009年12月に、中国商務省が発改委、工商総局と共同で「自動車ブランド販売管理弁法」の修正に取り組んだが、メーカーの反対があって、いまだにはっきりとした成果が出ていない。

　「自動車ブランド販売管理弁法」の推進によって、「4S」方式の「ディーラ

58　「自動車ブランド販売管理弁法」。
59　網易汽車「《汽车品牌销售管理实施办》明年修訂出台」。
　　http://auto.163.com/10/1126/00/6MCGJA7I00084JTJ.html、2013年10月26日。

ー・システム」が中国自動車流通の中心となった一方、メーカーの支配力も強化された。しかし、これからの「自動車ブランド販売管理弁法」の修正が間違いなく「ディーラー・システム」の変容に影響を与えるであろう。

第3節　消費者需要の変化と「ディーラー・システム」の変容

　2001年まで、中国の自動車需要の中心は法人需要であった。2001年以降、個人需要は急速に拡大し、2004年ごろ、個人需要が完全に中国自動車需要の中心となった[60]。

　2000年当時、中国の個人ユーザーは殆ど「エントリーユーザー」であった。これらのユーザーは主に2種類に分けられる。第1種はメンツ・ステータスを重視するタイプである。このタイプのユーザーの多くは改革・開放前に生まれ、改革・開放の恩恵を受けて最初に裕福となった世代である。輸入車や価格の高い車種を好む傾向がある。第2種は価格だけを重視するタイプである。このタイプの多くは仕事の関係で自動車を購入するユーザーである。普通のサラリーマンや個人経営者などが該当する。いずれのタイプも自動車を購入する前に、汽車交易市場に足を運び、車種や価格の比較を行い、必要な情報を収集することが多かった。購入に際して、いずれのタイプも現車を求めることが多かった。

　2010年になると、自動車消費の主力世代は「80後」と呼ばれる世代となった。それに伴い、自動車の購買意識と行動も大きく変化してきた。2009年11月に発表された「中国都市住民出行方式性選択調査報告」によると、47.8％のユーザーは仕事の需要（通勤の手段を含む）で自動車を購入していた。同時期で行われた新華信の調査では同じような結果が出された。中国の自動車ユーザーの購入要因としては通勤の手段43.8％、レジャー時の出かけの手段26.6％、生活の享受21.8％、流行の購入6％、身分・ステータスの顕示3.2％という順である。また、購入時に重視する要素としては価格41.4％、品質40.6％、燃費30.2％、安全性30.2％、ブランドイメージ24.6％などが挙げられている。つまり、価格と品質が同等重要視されるようになった。自動車に関する情報の獲得に関しては、テレビ73.1％、インターネット64.5％、新聞47.7％、雑誌33.3％、ラジオ28.3％、

60　中国信息中心の発表によると、2004年12月自動車の個人購入率は50％を超えていた。

テレビは依然として最も重要な情報獲得ルートであるが、インターネットはそれに次いで重要な情報獲得ルートとなった。一方、自動車購入時の参考情報としては親戚や友達の使用経験53.6％、ネット上の自動車購入者の間の経験交流39.3％、メディアの報道33.2％、メーカーからの紹介31.4％という順である[61]。また、自動車の実際購入に関しては、予め購入手続をし、1週間か2週間の後で納車するのが主流となった。

　以上、年代を軸に自動車需要の変化を確認してきた。一方、空間軸から見ると、中国では地域によって自動車の中心需要は大きな差があることが分かる。購入者の購買経験から見ると、地方都市においては自動車の新規需要が依然として主流ではあるが、北京、上海のような大都市においては自動車の買い替えが中心となった。「汽車の家」研究中心によると、2012年北京の新車販売台数の50％が買い替え需要によるものであった。また、自動車の用途から見ると、都市部のユーザーの多くが自動車を通勤代行の道具として利用するが、農村部のユーザーは人乗りのほか、貨物の運搬をも兼用したいという。また、購入者のブランドの好みから見ると、広東地方は日系ブランドに対する好感度が高いのに対して、東北地方は独系ブランドに対する好感度が高いという特徴もある。

　以上のように、自動車消費者の主体の変化につれて、中国の自動車消費者の購入意識と行動が大きく変化した。一方、中国では地域によって、自動車の中心需要には大きな差がある。この状況に対応するため、「ディーラー・システム」のさらなる変容が求められている。

61　『中国汽車流通業界発展報告』。

第 Ⅳ 章
メーカーの視点から見る「ディーラー・システム」の変容

「ディーラー・システム」のもとでは、メーカーが多大なパワーを持っている。メーカーは主導的な地位にあるので、そのチャネル政策が直ちにその「ディーラー・システム」に影響を与える。「ディーラー・システム」の変容をダイナミックに把握するために、各メーカーのチャネル政策及びその関連性を考察しなければならない。本章においては、資本別の主要メーカーのチャネル政策を考察し、その関連性を分析する。

第1節　ドイツ系のVWのチャネル政策

(1) VW社の中国販売事業の概要

　(独)VW社は一番早い時期に中国の自動車産業に参入した外資系メーカーである。1985年、VW社は上海汽車との共同出資で上海大衆汽車有限公司(以下、上海VW)を設立し、サンタナの国産化と量産化に取り組んだ。1998年、上海VWはサンタナの1車種だけで中国乗用車市場の約半分のシェアを獲得していた[62]。2000年以降、多くの新規参入者によって上海VWの市場シェアが急速に失われ、2012年になると、8.3％となった。一方、1990年VW社は第一汽車と調印し、その翌年に一汽大衆汽車有限公司(以下、一汽VW)を設立した。一汽VWはジェッタの国産化に成功し、1993年に1万台生産体制を築いた。その後、生産能力の向上につれて、一汽VWのシェアが徐々に上昇したが、2000年以降、上海VWと同様に低下に転じた。2012年に一汽VWの市場シェアが8.6％であった[63]。

　現在、中国ではVW社は主に3つの販売ルートを持っている。1つ目は一汽VW販売会社を通しての販売である。2つ目は上海VW販売会社を通しての販

62　一時期、サンタナは中国乗用車市場の90％のシェアを獲得したこともある。
63　中国汽車工業協会の公開データ。

売である。3つ目は大衆（VW）輸入車販売会社を通しての販売である。一汽VW販売会社は一汽VWブランドとAudiブランドを販売しているのに対して、上海VW販売会社は上海VWブランドとシュコダブランドを販売している[64]。また、大衆（VW）輸入車販売会社はVWの輸入車販売を担当している。

(2) 上海VWのチャネル政策

　上海VWが初めて自社の製品の販売に介入したのは、2000年8月、上海VW販売会社が設立されて以来のことである。その前に、上海VWの自動車販売が殆どその関連会社である「上海汽車工業銷售総公司」(通称：上汽銷)によって行われていた[65]。上汽銷のもとで上海VWの流通経路は多段階的かつ多種多様な特徴が形成されたという[66]。1997年から上汽銷は各販売店の管理を強化するため、全国を8つのブロックに分け、8つの分銷中心（地域ディストリビューター）を設立した[67]。それと同時に聯営・聯合公司に対する優遇政策が中止された[68]。分銷中心は自動車の卸売販売だけでなく、部品の販売、車両の配送、情報の収集、販売店の管理などの機能も持っていた[69]。1999年5月、上汽銷は特許経銷商認定制度を採用した[70]。特許経銷商認定制度とはその審査にクリアした販売店を特許経銷商として認定する制度である。つまり、特許経銷商に認定されなかった店舗が正規店として認められない一面もある。その結果、上汽銷は資本関係に構わずより多くの優良な小売店を選出することできる一方、不良な店舗を淘汰することもできるようになった[71]。特許経銷商は専売を維持しなければならないが、そのテリトリー内の独占販売権が与えられた。また、特許経銷商は新車販売、部品販売、アフターサービス、情報のフィードバックという4つ

64　上海VW販売会社は上汽大衆という通称があるが、メーカーだと混同されやすいので、本章では上海VW販売会社という名称を使う。
65　「上汽銷」は上海VW車を含めた上海汽車の車の販売以外に、自動車レンタル、広告、レストランなど多様な事業を展開していた。
66　詳細は塩地（2002）参照。
67　劉（2000a）、P397。
68　その前に、上汽銷は聯営公司、聯合公司、一般流通企業にそれぞれ違う卸売価格を提示した。
69　販売店の管理に関しては、分銷中心がその管轄地域に代表（調査員）を送り、販売店に上汽銷の販売方針を伝え、販売店がその方針通りに販売しているかどうかをチェックすることが中心である。また、通常、調査員はその管轄地域に常駐し、1ヵ月に1回所属する分銷中心に戻り、管轄地域の状況を報告する。
70　劉（2000a）、P397。
71　その前、上汽銷が殆ど国有企業から協力販売業者を選んだ。

の機能を持ち合わせ、上汽銷から強いコミットメントを受けている。つまり、「ディーラー・システム」の下のディーラーに相当する[72]。ところが、上汽銷が上海汽車傘下の販売会社で、必ずしも上海VWの利益と一致するわけではなかった。つまり、生産と販売が分断されている状態であった。

上海VW販売会社が設立されてから、上海VWのディストリビューター権が上汽銷から上海VW販売会社へと移った。同時に、分銷中心への管理権も移された。この時点で分銷中心の数は24まで増加した。2000年以降、上海VW販売会社は「特許経銷商建設意向書」を作成し、特許経銷商（「4S」店）のみを募集した。それと同時に、既存の販売店から特許経銷商（「4S」店）への転換を図った。つまり、この時から上海VWが「ディーラー・システム」を本格的に構築し始めた。

2003年以降、競合メーカーの販売台数が好調に伸びていたにも拘らず、上海VWの販売台数が急速に落ちる一方であった。図表4-1のように、上海VWの販売台数は2003年の40万5000台から、2004年の34万7000台、そして2005年の28万7000台へと急減した。これは上海VWの生産面の失敗によるものでもあるが、上海VWのチャネル政策による一面もあるといえる。2004年、上海VWの

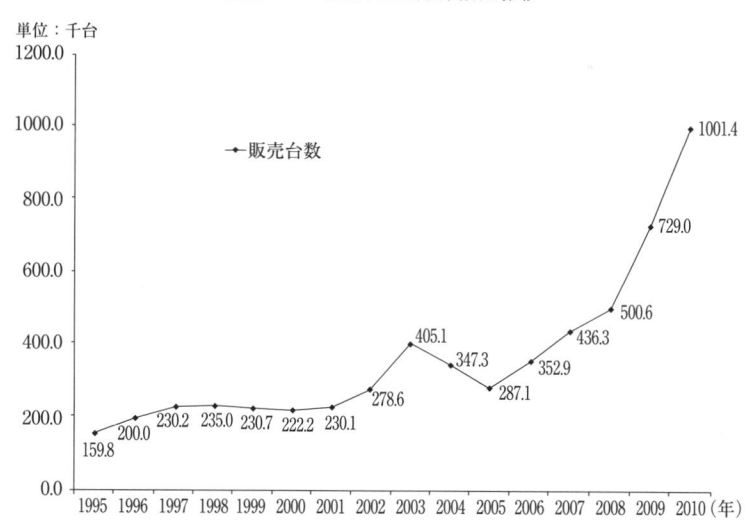

図表4-1 上海VWの販売台数の推移

年	販売台数（千台）
1995	159.8
1996	200.0
1997	230.2
1998	235.0
1999	230.7
2000	222.2
2001	230.1
2002	278.6
2003	405.1
2004	347.3
2005	287.1
2006	352.9
2007	436.3
2008	500.6
2009	729.0
2010	1001.4

出所：上海VWの各年度の年報により筆者作成。

---

[72] 劉（2000a）、P398。

在庫台数は12万台に上り、当年度の上海VWの販売台数の1/3以上となった[73]。つまり、上海VWが市場需要を無視し、売れない車を過剰に生産してしまったのである。また、上海VWは自社製品の販売に関与し始めたとはいえ、その持ち株比率は20％しかなかったので、生産と販売の分離の状況はまだ完全に打開されていなかった。

そういう状況を改善するために、上海VWは多くの新たな政策を打ち出し、経営組織の改革に取り組んだ。経営組織の改革の面においては、2004年、上海VWは新たに「セールス・マーケティング執行役員」(以下、「執行役員」) というポジションを設置した。この「執行役員」は上海VW販売会社の社長が兼任する。また、「執行役員」の下にセールス、マーケティング、ネットワーク、サービスの4つの職能部門が置かれて、それぞれの職能部門は分銷中心 (2002年に銷售服務中心へと名前変更) に対して管理を行った。ところが、2005年3月になると、この4つの職能部門の機能が銷售服務中心に移され、「執行役員」は銷售服務中心を直接管理し始めた。それと同時に、銷售服務中心は24から12まで削減された。銷售服務中心の管理範囲は主に特許経銷商の数によって分けられている。特許経銷商数の多い東部地域においては、1つの銷售服務中心は1つか2つの省を管理するが、特許経銷商数の少ない西部地域においては、1つの銷售服務中心は3つか4つの省を管理する。この時点で、上海VWは製販組織の一元化を完成したのと同時に、特許経銷商への管理をも強化した。

チャネル政策の面においては、2005年から上海VWは自社の販売方式を製品志向から市場志向へと転換させた。具体的には、完全な見込み生産から受注生産への移行、卸売販売から小売販売への関心の移転、押し込み販売より特許経銷商の月別販売計画の重視などがある。この時点から、特許経銷商の卸売販売が明確に禁じられた一方、特許経銷商の小売販売の効率性が重視されるようになった。上海VWは基本リベート (基本マージン) のほか、販売目標達成リベート、ユーザー満足度達成リベート、年度貢献リベート、車種組み合わせ達成リベートなどの9種類のリベートを導入した。同年、上海VWは雲南省の昆明市で西南経銷商会議を開き、明確に特許経銷商淘汰制度を導入した。当年、上海VWの西南区域の特許経銷商51社の内、契約の続行ができたのは41社だけであ

---

[73] 「銷量利潤持続下滑　上海大衆啓動自救計劃」『第一財経日報』、2006年6月21日付け。

る[74]。また、その契約は全部1年契約、あるいは2年契約であった。同年、上海VWは新車販売、アフターサービス、金融サービス、中古車販売、部品販売、ユーザー・クラブを含めたサービス・ブランド「Techcare」を前面に打ち出し、特許経銷商の競争力を向上させようとした。同時に、上海VWは部品の販売に対しても集中管理を行った。その結果、上海VWは後発合弁系メーカーと似たような「ディーラー・システム」の構築に成功し、その新車販売台数も急速に回復し始めた。

　2008年前後、二、三級都市の需要に対応するために、上海VWは「直営店」（サテライト店）方式を採用し始めた。「直営店」(その後、「直管直営店」へと名称変更）とは特許経銷商（ディーラー）が上海VWから許可を得て、上海VWの販売網が届かなかった場所で設立した新車販売とアフターサービスという2つの機能を持つ販売店のことである[75]。上海VWの「直営店」の設置に当たっては、以下のいくつかの条件をクリアしなければならない。その①、当該地域（設置地域）の年間登録台数が1500台以上。その②、「直営店」とその特許経銷商は同一区域にある。その③、特許経銷商、特約維修站（特約サービスステーション）、あるいはほかの「直営店」との距離が5km以上（ただし、例外が存在する）[76]。その④、150㎡以上のショールーム（展示車2～3台）、300㎡以上のアフターサービス区域（内180㎡以上の修理スペース）、外部駐車スペースの保有。その⑤、2年契約を結んだ特許経銷商、あるいは1年契約ではあるが、既存店舗を建て替えようとした特許経銷商からの申込み。その⑥、上海VWの他の条件を満たすこと[77]。

　「直営店」という用語は「4S」店の直営店を意味することだと考えられるが、実際には、上海VWの「直営店」は2つのタイプがある。1つ目は特許経銷商の独自出資で作られた分店タイプ（シュコダの「分支機構」に相当する）である。いわば本物の直営店である。2つ目は特許経銷商が見つけた協力販売店タイプである。分店タイプの「直営店」は上海VWとの間に契約関係が存在しな

---

[74] 「扁平化営銷是把"双刃剣"」『第一財経日報』、2009年7月21日付け。
[75] 「直営店」にも顧客登録制度などが存在し、実際に情報フィードバックの機能も持っている。
[76] サンタナの生産が開始した後、上海VWは修理サービスを提供する特約維修站を設置し始めた。1985年11月、最初に8ヵ所の特約維修站が設置された。1995年末までに、特約維修站の数は298ヵ所まで増えた。2000年以降、多くの特約維修站が特許経銷商へと転換したが、まだ転換できていなかった特約維修站もある。
[77] 上海VWの内部資料。

いが、協力販売店タイプの場合は存在する。また、分店タイプは上海ＶＷから融資を受けることができるが、協力販売店タイプはできない。

「直営店」の管理に関しては、「直営店」の主要ポストはすべて上海ＶＷからのトレーニングと認定を受けなければならない。一方、その特許経銷商も新たなポストを設置し、「直営店」を管理しなければならない。特許経銷商の業績評価が上海ＶＷによって行われるが、「直営店」の業績評価が特許経銷商によって行われる。もちろん、「直営店」は特許経銷商と同じく、専売制、テリトリー制、小売販売が求められている[78]。

2008年6月時点で上海ＶＷの「直営店」は2店舗しかなかったが、2009年に81店舗、2011年に130店舗と、急速に増加した。因みに2011年、上海ＶＷの特許経銷商の数は640社である[79]。2008年以降、上海ＶＷの流通経路は図表4-2のようになった。特許経銷商を通しての販売は依然として中心的な役割を果しているが、「直営店」を経由しての販売経路も出来上がった。

2009年以降、上海ＶＷは都市精品店（旗艦店）をも展開し始めた。2010年6月、上海ＶＷは市場の変化を機敏に対応するために、再び組織改革を行った。まず、銷售服務中心が12から10へと減らされ、銷售服務中心の管理区域も再整理された。それまで上海ＶＷは特許経銷商の数で区域を分けたが、今回は消費者の類似性を基準に分けた。その結果、華東、華南、西南及び北方といった4つの銷售服務中心の地域が調整された[80]。それと同時に、銷售服務中心は営銷本部（マーケティング本部）と商務中心（商務センター）といった2つの部門に分けられた。営銷本部は主にその管轄地域全体の管理と戦略を担当するが、商務

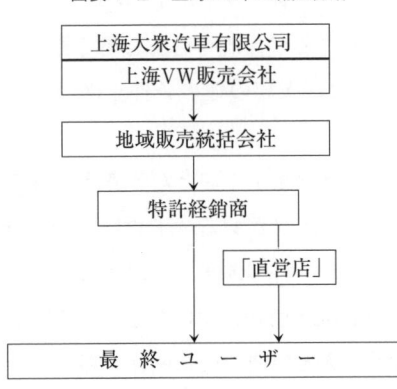

図表4-2　上海ＶＷ車の流通経路

```
上海大衆汽車有限公司
      ↓
  上海ＶＷ販売会社
      ↓
  地域販売統括会社
      ↓
    特許経銷商
       ↓
     「直営店」
      ↓
   最 終 ユ ー ザ ー
```

出所：筆者作成。

78　但し、特許経銷商が自社所属の「直営店」に対しての卸売販売が認められる。
79　搜狐汽車「2011金扳手奨获奖感言：上海大众沈总经理」。
　　http://auto.sohu.com/20111111/n325349363.shtml、2013年11月1日。
80　「上海大众営銷体系再変革　将加強重点区域」『21世紀経済報道』、2010年7月21日付け。

中心は主にその戦略の実施と各目標の達成に努める。

　以上のように、2000年以降、上海VWは製販組織の一元化、特許経銷商淘汰制度、受注生産への移行、卸売販売の禁止などを通し、既存の販売システムを段階的に後発合弁系メーカーと似たような「ディーラー・システム」に転換した。その結果、上海VWの流通経路が短縮し、販売チャネルへの統制力が強化されつつある。しかし、2008年以降、上海VWは販売網の更なる浸透を狙い、「直営店」(サテライト店)を設置した結果、流通経路が一段階増加した。流通経路の段階数の増加が「ディーラー・システム」のコントロール力を弱らせることはあるが、上海VWは経営改革を通して、ディーラーへのコントロール力を強化した。

　一方、シュコダに関しては、2005年上海VWは(独)VW社傘下のシュコダブランドの3系列車種を国産化し、生産し始めた。2006年、上海VWはシュコダ事業部を新たに設置し、シュコダ独自の販売ルートを構築し始めた。同年7月、上海VWシュコダ(事業部)は25の特許経銷商(「4S」店)を設立した[81]。2007年1月、上海VWシュコダはシュコダ輸入車の修理サービス拠点を買収し、輸入車のアフターサービスの権限を持つようになった。同年、上海VWシュコダはシュコダ輸入車の販売権を手に入れた。このように、中国ではシュコダの生産と販売の事業はすべて上海VWシュコダによって担当されるようになった。

　上海VWシュコダは「4S」方式による出店とその「分支機構」(サテライト店)による出店方式を同時に採用した[82]。上海VW(ブランド)の「4S」店は殆ど大型店舗(7200㎡以上)であるのに対して、シュコダ(ブランド)の「4S」店は旗艦店(8960㎡)、標準店(6100〜7808㎡)、小型店(3471㎡)の3つのタイプがある。2009年、上海VWシュコダはすでに147の「4S」店と88の「分支機構」を持っていた。そして、2011年、上海VWシュコダは中国全土において390ヵ所の拠点(「4S」+「分支機構」)を持つようになった[83]。2012年、シュコダの販売台数は23万台に上り、上海VW全体販売台数の2割弱を占めるようになった。

81　これらは殆ど元上海VWの特許経銷商、あるいは元シュコダ輸入車の特許経銷商による投資であった。
82　「分支機構」は全部「4S」店の資本で設立された直営店である。
83　上海VWシュコダは増加し続ける特許経銷商を管理するために、中国全土を華東、華南、華西、華北、華中といった5つの区域に分けて管理した。Pcauto　"分支机构"助斯柯达销售体系快速布局」。http://www.pcauto.com.cn/news/changshang/0912/1060849.html、2013年8月7日。

上海VWの第2ブランドであるシュコダは「ディーラー・システム」が展開された時点ですでに変容し始めた。これは「後発」ブランドであるシュコダがブランド力の弱さ、拠点数の不足などの不利な条件のもとで行われたものである。つまり、不利な状況に置かれた場合のほうが「ディーラー・システム」が変容しやすいともいえる。

現在、上海VWは「4S」店（大規模一級店）と「直営店」（小規模一級店と二級店を含む）を持っているのに対して、上海VWシュコダは「4S」店（大中小規模一級店）と「分支機構」（小規模一級店）を持っている。上海VWが二級店を持つのは旧システムのから影響を受けている一面も見られる。それは二級店の多くがディーラーの関連販売店と特約維修站から転換され、ディーラーにとっての戦力でもあるからである。

第2節　米国系のGMのチャネル政策

(1)　GM社の中国販売事業の概要

（米）GM社が本格的に中国市場に参入したのは1997年6月、上海汽車との折半出資で、上海通用汽車有限公司（以下、上海GM）を設立して以来のことである[84]。1999年に上海GMは国産化の認定を通し、「Buick新世紀」を生産・販売し始めた。同年、上海GMの新車販売台数は僅か19万8000台であったが、その後、急速な成長を見せた。2005年、上海GMの新車販売台数は30万台を突破し、長年にわたって中国自動車市場をリードしてきた上海VWを追い越した。それからの2年間も、上海GMはその地位を守ってきた。2008年、上海GMの市場シェアが一時的に縮小したこともあるが、2009年に急速に回復し、2010年に100万6000台の年間販売台数でトップの地位を奪い返し、そして2011年、2012年にもその地位を守った。一方、2002年上海汽車が柳州五菱汽車有限公司を吸収するのを契機に、米GMも44％を出資することで上汽通用五菱汽車株式有限公司（以下、GM五菱汽車）の成立を促した。同年、GM五菱汽車は自主開発車である「五菱の光」（ミニバン）を発売し、急成長を遂げ始めた。2003年、GM五菱汽車の新車販売台数は18万台であったが、2008年に64万8000台、そして2013年に

---

[84]　金杯通用汽車有限公司に関しては、詳しくは方（2012）、P145-P158参照。

132万台まで増加した[85]。また、2009年8月、米GMは第一汽車と共同出資し、一汽通用軽型商用汽車有限公司（以下、一汽GM）を設立した。

現在、(米)GM社は主に3つの販売ルートを持っている。1つ目は上海GMを通しての販売である。2つ目はGM五菱汽車を通しての販売である。3つ目は一汽GMを通しての販売である。現在、上海GMはBuick系列、Cadillac系列、Chevrolet系列の車を販売している。一方、GM五菱汽車は商務用車の五菱系列及び乗用車の宝駿630、楽馳を販売している[86]。また、一汽GMは解放系列と紅塔系列の車（商用車）を販売している。このほか、通用汽車（中国）投資有限公司（以下、GM中国）も存在している。この会社は中国に導入されたCadillac、Saabの「4S」店を実験的に展開したことがあるが、現在、主に輸入車のOpelの販売網を展開している。

(2) 上海GMのチャネル政策

広州本田と同様、上海GMも「ディーラー・システム」導入の先行者である。しかし、そのシステムは完全なる「4S」方式の「ディーラー・システム」ではなかった。1998年から上海GMはすでに新車販売、部品販売、アフターサービスといった機能を持つディーラー（「4S」店）を募集し始めた[87]。しかし、営業部長が自ら訪問したにも拘らず、多くの自動車販売業者が目もくれなかった。その理由としては、上海GMやBuickに対する認知度の低さ、100万ないし1000万元以上の投資額、併売の禁止などの原因が挙げられる。いろいろな努力の結果、「4S」店の建設を承諾したのは上海永達ただ1社であった。やむを得ず、上海GMは「4S」店の統一建設計画を部分的に放棄した。それにも拘らず、最初に上海GMとフランチャイズ契約を交わしたのは僅か9社（上海永達を含む）であった。その9社のうち、上海にあるのは半分以上だが、北京にあるのは2社だけであった。北京達世行は北京2社の内の1社であった。1999年4月、北京達世行は300万元を投資し、400㎡の修理機能を持っていない「授権銷售服務

---

85 その中の多くは「五菱の光」によって貢献されていた。2008年、GM五菱汽車は「五菱の光」という単一車種で40万9000台の販売記録を残した。
86 商務用車とはセダン以外の商用型の乗用車である。
87 当時、「3S」店と呼ばれていた。しかし、実際に、その時に上海GMはすでに顧客管理情報システムを導入していたので、「3S」店が「4S」店ともいえる。

中心」(専売店)を建てた[88]。開業後の1年目、北京達世行は1209台の車を販売しただけでその元本を回収することができた[89]。2001年、北京達世行は8000㎡のBuick「4S」店を始めて建設した[90]。上海GMのディーラーの内、北京達世行のように成長してきたのは少なくなかった。

　ところが、「4S」店の統一建設計画を部分的に放棄した結果、上海GMが4つの機能を持つ「4S」店、単一販売機能を持つ専売店、修理機能を持つ特約修理ステーションといった3つのタイプを持つようになった[91]。その発想は、修理サービス機能を持っていない専売店ならば、その周辺に特約修理ステーションを設置すればよい、というところにある。上海GMのディーラー数は2000年の52社から2001年91社へと順調に増加した[92]。2002年、自動車の個人需要が爆発し、一時期、自動車の生産が追いつかない状況となった。多くのディーラーはプレミアム価格で大儲けし、ディーラーへの投資熱を引き起こした。その原因もあって、2002年、上海GMのディーラー数は倍増し、180社となった。ところが、販売台数とディーラー数の増加につれて、顧客からのクレームも急増した。そのため、同年、上海GMは「Buick Care」というサービス・ブランドを打ち出した。それと同時に、単一機能の専売店から「4S」店への転換を加速させた[93]。その結果、「4S」店が中心となり、「4S」方式の「ディーラー・システム」が構築されるようになった。一方、上海GMは調査会社に依頼し、各ディーラーのサービス状況と顧客満足度に関する調査を行った。また、それと同時に、ディーラー業績評価制度が導入された。

　2003年9月、上海GMはDMS (Dealer Management System) を導入し、本格的な受注生産販売方式を導入した[94]。それまで上海GMは主にファックス、電話、Eメールを通してディーラーから販売などの情報を得たが、その時点でディーラーの販売情報がオンラインで随時に反映されるようになった。DMSによっ

88　当時、上海GMは自社の販売拠点を銷售服務中心と呼んでいた。
89　2000年、上海GMのディーラーの平均販売台数は587台であった。因みに、2001年は640台であった。
90　「上海通用：和经销商一起成长」『第一財経週刊』、2008年10月30日付け。
91　いずれのタイプも情報のフィードバック機能を持っている。
92　「Audi Dealer Network Development Strategy 2002」。
93　「Buick Care」の中心的な意味は受動的なサービスを主動的に転換することである。例えば、無料点検の案内をダイレクト・メールや電話にて行い、来店・入庫を促す。それまで、中国の殆どのユーザーは自動車が壊れた時だけに修理店に行くのであった。その他、一対一のコンサルタント式サービス、部品販売価格と修理・サービス価格の明示化などがある。
94　「上海通用按単制造」『IT経理世界』、2003年9月9日付け。

て生産情報と販売情報がリンクされ、メーカーは過剰生産の心配が軽減される一方、ディーラーは効率的に納品することができた。

　2004年下半期に入ると、自動車市場の成長が鈍化し始め、ディーラーの在庫問題が顕在化し、多くのディーラーは資金難に直面した。その結果、多くのディーラーは値下げ競争を開始した。上海GMは値下げを行ったディーラーを厳重に処罰したので、ディーラーとの摩擦が急増した。その後、上海GMはその摩擦を緩和するため、販売目標を見直す一方、上汽通用汽車金融有限責任公司（GMACSAIC）を設立し、ディーラーに対して融資を行った。

　2004年3月、上海GMは新たなブランドを導入するために、既存のブランドを整理し始めた。その結果、君威、凱越、賽欧、GL18といった4つのサブブランドが全部Buickブランドに統一された。同年、上海GMはCadillacを国産化し、発売した。Cadillacの販売に関しては、上海GMはBuickとは別の販売網を築こうとした。2004年末、Cadillacの最初のディーラーとして11社が選ばれた。2005年、上海GMはChevrolet系列を発売し、新たなディーラー網を展開し始めた[95]。ChevroletはCadillacと違い、大衆車とポジショニングされたので、その出店方式として「4S」方式に拘らなかった[96]。2006年7月、上海GMは正式に輸入車Saabの中国の総ディストリビューターとなり、第4の販売網を構築し始めた。

　2006年10月、上海GMは傘下の4つの販売網を効率的に管理するため、経営改革を行った。各ブランドはそれぞれのブランド部、販売部、アフターサービス部を持つようになり、独自のマーケティング戦略を展開することができた[97]。

　北京達世行の新規出店のように、上海GMは最初からすでにサテライト店と似たような店舗を展開していた。2006年以降、上海GMの流通経路は図表4-3のようになった。Buick、Chevroletは単純な1段階販売ルートとサテライト店を経由しての2段階販売ルートを持っていた。一方、Cadillac、Saabは単純な1段階の販売ルートだけを持っていた[98]。

---

[95]　Chevroletの最初のディーラーが100社はあるが、その内の70％はBuickディーラーによる投資であった。なお、そのうちの20社は他のメーカーの販売店から転換されてきたという。「上海通用迅速修復雪佛兰在中国失落的形象」『新汽車』、2006年6月14日付け。

[96]　もちろん、店舗の設計、従業員数、規模などはすべて上海GMの基準に従わなければならない。

[97]　「上海通用集団銷售按部就班」『政府採購信息報』、2008年3月3日付け。

[98]　上海GMのサテライト店にはディーラーの直営店とディーラーの販売協力店がある。

図表4-3　上海GMの流通経路（2006年10月）

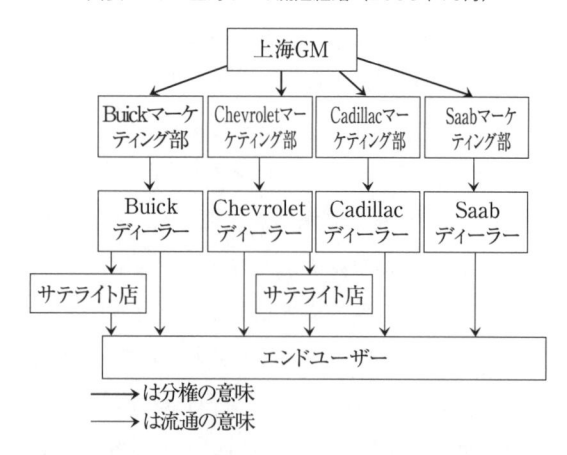

```
                            上海GM
        ┌──────────┬──────────┼──────────┬──────────┐
   Buickマーケ  Chevroletマー Cadillacマー  Saabマーケ
   ティング部   ケティング部  ケティング部  ティング部
        │          │          │          │
     Buick     Chevrolet    Cadillac      Saab
    ディーラー  ディーラー   ディーラー   ディーラー
        │          │
   サテライト店  サテライト店
        └──────────┴──────────┬──────────┴──────────┘
                          エンドユーザー
```
　──→は分権の意味
　──→は流通の意味

注　：①2010年、Saab社の経営問題の影響でSaabの販売が中止された。
　　　②上海GMのサテライト店には直営店と販売協力店が含まれている。
出所：筆者作成。

　2012年から、各地需要の変化を機敏に対応するために、上海GMは販売大区制を廃止し、分銷中心制を導入し始めた[99]。2012年1月、Chevroletの8個の販売大区が9個の分銷中心に変更され、分銷中心制が実験的に導入された。同年4月、Buickの6個の販売大区が10個の分銷中心へと変わった。同時に、Chevroletの分銷中心は15個まで増加した。分銷中心はただ本部の指令を伝える販売大区と違い、販売、アフターサービス、ネットワーク開発、ディーラー管理などの機能のほか、独立の財政機能をも持っている。これは上海GMの販売管理方式が集権的から分権的に転換したことを示している。

　以上のように、上海GMはディーラーを成長させながら、「4S」方式の「ディーラー・システム」の構築に成功した。一方、上海GMは多ブランド戦略を展開し、3つの販売チャネルを構築した。2012年、各地需要の変化に迅速に対応するために、上海GMは分権体制を取り始め、多くの販売拠点を抱えたChevrolet、Buickの販売網に新たな変容をもたらした。

　ここで、上海GMのディーラー政策を考察する。販売目標の設定に関しては、上海GMは各地域・各車種の市場規模と市場シェアなどを勘案し、各地域の販売目標と各ディーラーの基本販売目標を設定する。各地のディーラーはそれら

---

[99] 販売大区制とは、中国全土をいくつかの区域に分け、各区域が各ブランドのマーケティング部門の各担当者によって管理する制度である。メーカーに一番採用されやすい方式である。

の販売目標を基本に、上海GMの区域販売責任者と共同で四半期の販売目標を決める。年間販売台数が目標販売台数の85％以上を達成できなかったディーラーは「イエローカード」を受けることになる[100]。

テリトリー制に関しては、上海GMの基本テリトリーは2kmで、そのテリトリー内において他のディーラーの一切の販売活動、車の展示、サテライト店の設置が禁じられている。そして、テリトリー（基本テリトリーと委託区域）外の販売活動も禁止されている[101]。他のディーラーのテリトリーを侵害した場合、罰金のほか、15～30日の取引禁止期間が設けられている。

販売価格に関しては、上海GMはプレミアム価格を勧めないが、メーカー指定最低価格より低い価格での販売を禁じる。

サテライト店の運営に関しては、ディーラーはサテライト店の従業員に対して商品知識や業務テクニックなどのトレーニングを行い、そしてサテライトに対して販売責任を負わなければならない。また、サテライト店での顧客販売情報を集計し、上海GMに報告しなければならない。

ディーラーの人事管理面においては、部長級の従業員を募集する時、上海GMからの派遣社員と共同で面接に臨まなければならない。また、その従業員は異動や解雇などの場合、上海GMからの許可が必要である。さらにすべての従業員は上海GMからのトレーニングを受けなければならない。

プロモーションの面においては、ディーラーは独自のプロモーションを行う前に、上海GMに知らせなければならない。

リベート制に関しては、上海GMは主に基本リベート（4％）、目標達成リベート、市場占有率拡大リベート、日常管理リベート、販売・サービス総合リベート、ディーラー・ランク別リベート、新規出店リベート、プロモーションリベートがある。

このほか、ディーラーは広報担当者を設けなければならない。広報担当者以外の従業員はメディアの取材に応じてはいけない。また、GMACSAICから融

---

100 上海GMの罰則は「書面警告」「イエローカード」「アカカード」といった3段階がある。1年間に2回連続で「書面警告」を受けた時、「イエローカード」を受けることになる。また、2回連続で「イエローカード」を受けた場合、「アカカード」を受ける（フランチャイズ権が剥奪される）ことになる。因みに、上海GMの許可なしに1ヵ月内に発注しないことやいずれの四半期において目標の85％を達成できなかったといった場合、「書面警告」を受けることになる。
101 委託区域とはまだテリトリーとして明確に定められなかった区域のことである。

資を受けた時、現金、あるいは小切手の使用も禁じられている[102]。

以上のように、上海GMのディーラーは収益の面だけでなく、販売管理、店舗管理の面ないし資金調達の面においてもメーカーから強いコミットメントを受けている。そして、この「ディーラー・システム」はGM社が米国で構築した「ディーラー・システム」以上のコントロール力を持っている。

第3節　日系のホンダのチャネル政策

(1)　ホンダ社の中国販売事業の概要

（日）ホンダ社が本格的に中国の自動車産業に参入したのは1998年、広州汽車集団との折半出資で広州本田汽車有限公司（以下、広州本田）を設立して以来のことである。1999年、広州本田の新車販売台数は1万台前後であったが、2000年に3万2000台、2001年に5万1000台、2002年に5万9000台と、順調に増加した。2003年からその成長が加速し、2004年に20万2000台、2007年に29万5000台、そして2010年になると38万台の販売台数が記録された。ところが、2011年に入ると、状況が一転、広州本田の新車販売台数は減少傾向となった。2012年広州本田の新車販売台数は31万6000台しかなかった[103]。

一方、2003年7月、ホンダ社は東風汽車集団との契約を履行し、東風本田汽車有限公司（以下、東風本田）を設立した。2004年、東風本田は1万台体制から出発し、2005年に5万台体制、2006年に10万台体制、2009年に20万台体制、2010年に25万台体制、順調に成長してきた。広州本田と同じく、2011年に入ると、東風本田の新車販売台数も減少し始めたが、2012年に入ると、東風本田の販売台数は回復し、2011年より3万台増の28万2000台を実現した[104]。

現在、中国ではホンダ社は主に3つの販売ルートを持っている。1つ目は広州本田による販売である。2つ目は東風本田による販売である。3つ目は本田技研工業（中国）投資有限公司による販売である。本田車は殆ど広州本田と東風本田によって販売されている。一方、ホンダ車のもう1つのブランドであるAcuraはホンダ社の本田技研工業（中国）投資有限公司によって販売されてい

102　上海GMの内部資料（2011年）。
103　中国汽車工業協会の発表。
104　同上。

る[105]。

(2) 広州ホンダ社のチャネル政策

　中国で最初に「4S」方式の「ディーラー・システム」を構築したのは広州本田である。広州本田は各販売店に専売制、テリトリー制のほか、小売販売、標準的な店舗作り（「4S」店）、統一の接客サービスなどを要求し、単純な1段階の流通ルート（メーカー→ディーラー→エンドユーザー）を築いた。広州本田の「4S」店の出店基準としては、「5000㎡以上の土地を用意すること」「4S店として前店後場（同じ敷地の中にショールームと工場が一体化している）の店舗を設立すること」「資本金は固定資産の投資額よりも大きいこと」などの様々な条件が含まれている。また、「4S」店の投資金額は1000万元以上（当時）とされている。しかし、それほど多くの投資額がかかるにも拘らず、その販売網の展開が非常に順調だといえる。広州本田のディーラー（「4S」店）数は1999年の28社から、2000年の55社、2001年の100社、2002年の140社へと順調に増加し、2006年時点で276社となった[106]。

　初期の広州本田が順調に「4S」店を展開できたのは主に以下のいくつかの要因が働くと考えられる。その①、本田というブランドの認知度の高さ。1980年代から開始したホンダの二輪車事業は本田というブランドの認知度に大きく寄与した。その②、アコードの人気。最初の発売車としてのアコードは国産化される前にすでに多くの人気を集めた[107]。その③、広州本田の説得力のある資本回収計画と「4S」店の見学。広州本田は各ディーラー候補者に資本回収計画を説明し、3年間でその資本金を回収することを約束した。また、1998年11月、広州本田は「4S」店である広州本田第一店（広州汽車と広州汽車貿易会社の共同出資）を設立し、ディーラー候補者に見学させた。その④、輸入車アコードの修理サービス店の存在。1997年末、輸入車アコードの修理サービス店は60店舗であった。その内の30店舗が「4S」店へと昇格した[108]。その⑤、販売の好調と実際の資金回収の早さ。1999年3月に正式に営業を開始した広州本田第

105　2012年、中国ではAcuraの販売台数は僅か2300台であった。
106　姚斌华、韩建清『見証广州汽车10年』广東人民出版社、2008年。
107　1990年代初頭から、輸入車アコードの評判が非常に良かった。
108　「中国汽车界的"老门头"自述—广州本田前总经理　門脇轰二—」『日経産業新聞』、2008年1月14日付け。

一店は1年間も経たずに資本金を回収することができた[109]。また、僅か3ヵ月で資本金を回収した広州本田の「4S」店も存在していたとの噂もあった。

ところが、販売網の全国的な展開はそれ相応の物流システムが求められている。2001年4月に北京商務センター、2003年11月に上海商務センター、2007年5月に成都商務センター、広州本田は自社の輸送能力を強化し続けていた。商務センターの中心事業は自動車と部品の転送と保管であるが、管轄地域内におけるディーラーへの管理や従業員へのトレーニングなどの機能をも持っている。しかし、これらの拠点は殆ど本部からの指令を執行するだけで、本当の意味上のマーケティング機能を持っていなかった。

2007年下半期、広州本田は販売体制を調整し、地域別管理制度を導入した。2008年前後、広州本田は「販売本部」を設置する一方、本部に集中したマーケティング、ネットワーク開発、プロモーションなどの機能を商務センターに移した[110]。2011年2月時点で、広州本田は中国全土で北京区、上海区、広州区、華中区、東北区、成都区といった6つの商務センターを持つようになった。商務センターの最高責任者は商務センター主任であり、その下に地域販売マネージャー、地域部品マネージャー及び地域サービスマネージャーの3つのポストが設置された。しかも、各マネージャーの下にそれぞれの地域指導員が配置された[111]。

2009年前後、「4S」店だけで販売網を構築してきた広州本田は、三、四級都市の需要に対応するために、サテライト店制度を導入した。広州本田のサテライト店は全部「4S」店（ディーラー）による出資である。サテライト店を出店するには広州ホンダが定めたいくつかの条件をクリアしなければならない。ディーラーからの申し込みを受けた場合、広州ホンダは独立な経営権、資金能力、計画店舗の規模、出店地域、販売目標などを総合的に考慮し、納得できる場合のみサテライト店の設置に認可を出す。サテライト店の設置に関しては、広州本田のサテライト店は「4S」店の周辺100km圏内に配置されるが、サテ

---

[109] 2000年前後、その人気のゆえ、アコードは倍ぐらいのプレミアム価格で販売されることが多々あった。
[110] 「広州本田成立销售本部　营销体系管理加速变革」『経済観察報』、2008年1月12日付け。
[111] 2012年2月、広州ホンダは業務支援部を設立すると同時に、「総経理オフィス」に属する「商品開発部」と「資材部」を「販売本部」の下に移設した。その時点で商務センターに対する管理権限も業務支援部へと移された。「广本机构调整　改组"销售本部"」『広本新聞』、2012年2月16日付け。

ライト店同士の間の10km以内、サテライト店と「4S」店の間の5km以内を出店禁止地域としている。また、サテライト店は独立の法人として会社登録し、独自の資金力、経営団体及び一定の影響力を有してはならない。さらに、その「4S」店は巡回員を設置し、サテライト店の販売行動を監督・支援し、従業員のトレーニング及び情報の収集に務めなければならない。

　現段階では、広州ホンダの流通ルートは図表4-4のように、「4S」店だけを経由しての1段階ルートと、サテライト店を経由しての2段階ルートがある。「4S」店に一番拘った広州本田さえサテライト店を出店したのは「ディーラー・システム」変容の証の1つともいえる。

　以上のように、最初に「4S」方式の「ディーラー・システム」を導入した広州本田は2008年以降、集権的な販売管理体制を分権的に転換する一方、多様化した需要を満たすために、サテライト店を導入した。これらの変化に伴い、「ディーラー・システム」の変容がすでに始まった。

　同じく、ここで広州本田のディーラー政策を考察する。販売目標の設定に関しては、まず、広州本田は前年度の販売台数、地域の市場占有率、ディーラーの販売実績及び各車種の販売状況で年間販売目標を設置する。次は、広州本田とディーラー共同で四半期の販売目標値を決める。具体的に、ディーラーは「N+3月」注文方式で注文した後、広州本田は前もって定められた車種別の

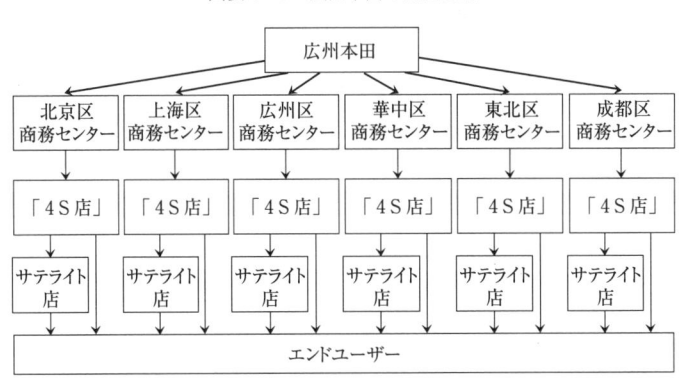

図表4-4　広州本田の流通経路

```
                        広州本田
    ┌──────┬──────┬──────┼──────┬──────┬──────┐
  北京区   上海区   広州区   華中区   東北区   成都区
  商務     商務     商務     商務     商務     商務
  センター  センター  センター  センター  センター  センター
    │       │       │       │       │       │
  「4S店」 「4S店」 「4S店」 「4S店」 「4S店」 「4S店」
    │       │       │       │       │       │
  サテ     サテ     サテ     サテ     サテ     サテ
  ライト   ライト   ライト   ライト   ライト   ライト
  店       店       店       店       店       店
    └──────┴──────┴──────┴──────┴──────┴──────┘
                      エンドユーザー
```

　──→ は分権の意味
　──→ は流通ルートの意味

出所：筆者作成。

在庫基準に準じてディーラーへの発注台数を調整する[112]。但し、在庫が原因で販売目標が達成できなかった責任はディーラーが負う。

専売制に関しては、他のメーカーとの併売はなかったが、広州本田車と自主ブランド車が併売されている。

テリトリー制に関しては、テリトリーは5km範囲以内で、他の地域は共有する。但し、他のディーラーのテリトリー内では販売してはならない。他社のテリトリーを侵害した場合、広州本田から警告を受け、そして4％のテリトリー販売割引リベートが回収されることになる。

販売価格に関しては、ディーラーの地域協同会で定められた価格より低い価格での販売は禁止である。このルールを破った場合、1回目は当月のSSI（消費者満足度指数）リベートを取り消すこと、2回目は当期のSSIリベートを取り消すこと、3回目は当期のSSIリベートを取り消すことかつ広州本田の責任者との面談が課せられる。

小売販売に関しては、未授権の販売店への販売は禁止である。このルールを破った場合、1回目は3日間以内に販売した自動車を買い戻すことかつ5％の基本リベートを取り消すことである。2回目は当期のSSIリベートを取り消すこと、3回目は当期のSSIリベートを取り消すことかつ広州本田の責任者との面談が課せられる。

リベート政策に関しては、広州本田は主に基本リベート（1％の基本割引＋4％のテリトリー販売割引）、目標達成リベート（月度目標達成リベート0.5％＋四半期目標達成リベート0.5％）、SSIリベート（0～1％）、CSI（アフターサービス満足度指数）リベート（0～1％）を設けている。

ディーラーへの融資に関しては、ディーラーは広州本田と提携関係のある銀行から融資を受けることができる。但し、一旦ある銀行に決めれば、半年以内は他の銀行を選んではいけない。

ディーラーの人事管理面に関しては、総経理（店長）、部門経理、部門主任、高級販売コンサルタントなどの上級職務はすべて広州本田からの許可が必要である。そして、これらの担当者は前もって広州本田のトレーニングに参加しな

---

[112] 「N＋3月」注文方式とは、ディーラーがN月前の3ヵ月間の販売状況によってN月からの3ヵ月の注文台数を提示し、N＋3月にモデル修正幅30％、N＋2月にモデル修正幅20％、N＋1月にモデル修正幅10％、N月に納車する方式である。但し、車の色の修正の制限はなし。

ければならない。また、ディーラーの資本構成の変更に関しては、その2ヵ月前に広州本田に申請し、許可が下りた場合のみ可能である[113]。

以上のように、広州本田はディーラーの在庫状況を勘案し、ディーラーの発注を修正し、ディーラー間の価格競争を防ぐ一方、地域協同会を利用し、安定的地域価格を提示しようとした。ここから広州本田はできるだけ自社内の競争を回避しようとする一面が見られる。また、広州本田の罰則の中に、面談という方式が組み込まれている。ここから広州本田は、ディーラーとの関係作りを重視している一面も見られる。しかし、いずれにせよ、日本のホンダより広州本田とディーラーの上下関係がより顕著である。

第4節　日系のトヨタのチャネル政策

(1) トヨタ社の中国販売事業の概要

1964年9月から（日）トヨタ社は中国に向けてクラウンを輸出し始めた。1980年7月、トヨタ社は中国で自動車修理センターを設置し、現地化生産を模索し始めた。しかし、当時、トヨタ社は中国での現地生産のリスクが高いと考え、技術供給レベルに止まった。1998年12月、トヨタ社はトヨタ通商及び四川旅行車汽車廠と共同で四川豊田汽車有限公司（以下、四川豊田）を設立し、商用車の「コースター」を生産し始めた。2000年6月、トヨタ社は天津汽車と共同で天津豊田汽車有限公司（以下、天津豊田）を設立し、乗用車の「ヴィオス」を生産し始めた。2002年8月、トヨタ社は第一汽車集団が天津汽車を吸収することをきっかけに第一汽車集団と包括提携を結んだ。それと同時に、天津豊田の社名は天津一汽豊田有限公司へと変更された。同年、第一汽車集団は四川旅行車汽車廠を買収し、四川豊田の新しい出資者となった。これらの会社でそれぞれ生産された車両を効率的に販売するために、2003年9月、一汽豊田汽車販売有限公司（以下、FTMS）が設立された。資本構成はトヨタ社32％、天津一汽豊田汽車有限公司25％、四川（一汽）豊田5％、第一汽車集団38％である[114]。2004年7月、トヨタ社は広州汽車集団との折半出資で広州豊田汽車有限公司（以下、広州豊田）を設立した。この会社は自社が生産した自動車を自社の販売

113　広州本田内部資料（2010年）。
114　2005年7月、四川豊田汽車有限公司の社名が四川一汽豊田有限公司へと変更された。

部で販売している。

　現在、中国ではトヨタ社は主に３つの販売ルートを持っている。１つ目はFTMSによる販売である。２つ目は広州豊田による販売である。３つ目は豊田汽車（中国）投資有限公司による販売である。FTMSはヴィオス、カローラ、クラウン、レイツ、RAV4、コースターなどの13車種を販売している。一方、広州豊田はヤリス、ハイランダー、カムリ、EZなどの９車種を販売している。また、豊田汽車（中国）投資有限公司はLEXUS系列（16車種）を販売している。

(2)　FTMSのチャネル政策

　2003年９月、FTMSが設立されて以降、ディーラーは発注時に、各工場の販売部ではなく、FTMSに直接発注することとなった。一方、FTMSは四位一体のディーラー（「４Ｓ」店）だけを募集し、広州ホンダと同様の１段階の流通経路を築いた。また、FTMSは各既存のディーラーの受注状況に応じて車両を供給していた。当時、FTMSが採用したのは日本と似たような「Ａカード」と「Ｃカード」の受注方式である。FTMSは「Ａカード」で顧客の来店数、「Ｃカード」で実際に注文した顧客数をそれぞれ集計した後、顧客の情報を分析し、実際に注文した顧客数で発注する。天津一汽豊田と四川一汽豊田はその発注数に基づいて生産を行い、在庫台数を最小限（ゼロに近い）にした[115]。

　2004年半ば以降、競争が激化し始め、11万5000台というFTMSの販売目標が達成できなくなった。このことを反省し、FTMSは2005年から一連の経営改革を行った。

　まず、FTMSは一定量の在庫を持つようになった。次に、2006年から「Ｎ＋２月・Ｎ＋１月」受注方式を導入した。また、FTMSは各地域のディーラーを組織し、豊田協力会を設立した。さらに、FTMSは元のネットワーク部を廃止し、販売企画部とディーラー支援部を新設した。同時に、ディーラー支援部の下に企画支援室（商務政策、市場管理規則、販売活動企画）、経営支援室（ディーラーの経営計画、人員募集、人的資源管理などの応援）、区域支援室（各ディーラーの販売管理、指導、支援）を設置した。しかも、区域支援室の下に華北区、東北区、華東区、華南区、西北区、西南区といった６つの管理区域が設けられた。一方、元

---

[115]　「解密一汽丰田"零库存"法則」『中国経営報』、2004年10月19日付け。

ディーラー業務部の下に開発室（ディーラーの出店審査、評価、開業準備）と大口顧客室（大口顧客の開発と維持）が増設された[116]。

中国では地域の格差が非常に大きいので、2006年上半期から、FTMSは本部に集中した多くの機能を段階的に管理区域に移し始めた[117]。最初に多くの機能を獲得したのは華南区と華東区である。2007年、販売、アフターサービス、ネットワークの開発、地域プロモーション、地域広報などの機能を持つようになった華南区と華東区は多くの成果を上げた。その後、FTMSの６つの管理区域はすべてそれらの機能を獲得した。2012年以降、これらの６つの管理区域を効率的に管理し、そしてもっと多くの機能を与えるために、FTMSは天津、上海、成都、広州、西安、武漢の６都市に６つの子会社を設立した。

2008年からFTMSはサテライト店体制を導入し、2011年５月時点までに50のサテライト店を開設した。FTMSのサテライト店は広州本田のと同じく、全部「４Ｓ」店の直営店である。FTMSのサテライト店は殆どその「４Ｓ」店の周辺の中小都市や県などに限られている[118]。また、原則としては１ディーラーに１店舗のサテライト店しか開設できない。図表４-５のように、現在FTMSも１段階の販売ルートと２段階の販売ルートを持つようになった。また、2011年から、FTMSは「２号店」方式を展開し始めた。「２号店」方式とは既存の「４Ｓ」店に新たな「４Ｓ」店を出店させることである[119]。「２号店」は優秀なディーラー（業績上位の35％のディーラー）しか申し込めない。そして「４Ｓ」店の出資比率70％以上などの条件をクリアする必要がある[120]。また、「２号店」の設置場所は「４Ｓ」店と同じ大区でなければならない（但し、FTMSの指定地域はOK）。しかし、１つのディーラー・グループは、１つの地域内において市場シェアの30％以上を占めてはいけないという制限もある。

以上のように、FTMSは完全なる受注生産で「４Ｓ」方式の「ディーラー・システム」を構築しようとした。しかし、2004年半ば以降、競争の中で劣位に

---

116 中広網「一汽丰田大幅"改革"：日方"紧缩"经销商管理」。
　　http://www.cnr.cn/car/zjPd/200501/t20050119_504064844.html、2013年11月８日付け。
117 例えば、FTMSのリベートは消費者満足度によって支払われる場合がある。しかし、各地の消費者は同一の一汽豊田のブランドに対する評価が違うので、同一顧客満足度の基準で評価すると、不公平性をもたらすことになる。
118 「一汽丰田推广二号店模式」『新京報』、2011年５月16日付け。
119 同上。
120 FTMSの商務政策（2010年）。

図表4-5　FTMSの流通経路（2012年）

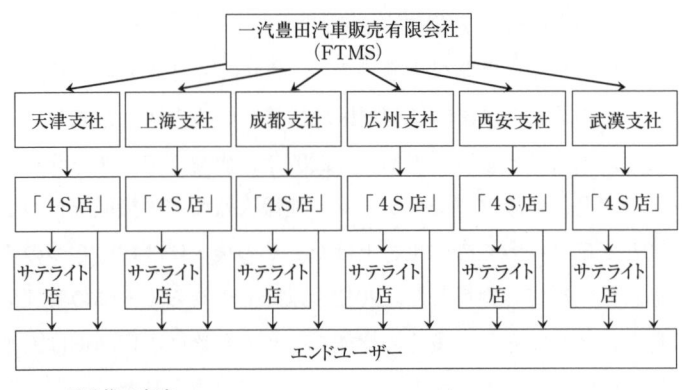

```
                    一汽豊田汽車販売有限会社
                          (FTMS)
    ┌──────┬──────┬──────┼──────┬──────┬──────┐
  天津支社 上海支社 成都支社 広州支社 西安支社 武漢支社
    ↓       ↓       ↓       ↓       ↓       ↓
 「4S店」 「4S店」 「4S店」 「4S店」 「4S店」 「4S店」
    ↓       ↓       ↓       ↓       ↓       ↓
 サテライト サテライト サテライト サテライト サテライト サテライト
   店       店       店       店       店       店
    └───────┴───────┴───┬───┴───────┴───────┘
                      エンドユーザー
```

──→　は分権の意味
──→　は流通ルートの意味

出所：筆者作成。

落ちたことをきっかけに経営改革を行った。2008年以降、FTMSはサテライト店体制の導入などによって、自社のディーラーを成長させる一方、各地域へ権限移転を通してディーラーへの管理を強化した。

第5節　日系の日産のチャネル政策

(1) 日産自動車の中国販売事業の概要

1993年3月、（日）日産自動車は中国中信集団と共同で鄭州日産汽車有限公司（以下、鄭州日産）を設立した。1995年1月、鄭州日産はピックアップを生産し始めた。現時点まで鄭州日産は商用車の生産を中心とするメーカーで、大きな成長はなかった。一方、2003年4月、中国国内資本規模が最大、協力範囲が一番広く、製品ラインが全系列まで及んだ合弁会社である東風汽車有限公司が設立された。資本構成は東風汽車集団50％、日産自動車50％である。同年6月、東風汽車有限公司の子会社として東風日産乗用車公司（以下、東風日産）が設立された。2004年10月、東風集団は買収を通して鄭州日産を傘下に収めた。

現在、中国では日産は主に3つの販売ルートを持っている。1つ目は鄭州日産を通しての販売である。2つ目は東風日産を通しての販売である。3つ目は日産（中国）投資有限公司（NCIC）を通しての販売である。鄭州日産は日産ブランドと東風ブランドの商用車を中心に販売しているのに対して、東風日産は

第Ⅳ章　メーカーの視点から見る「ディーラー・システム」の変容

東風日産ブランドと啓辰ブランドの乗用車を販売している。また、NCICはインフィニティ車を販売している。

(2) 東風日産のチャネル政策

　東風日産は最初から専営店（「4Ｓ」店）に拘らず、その最低条件を満たせば、単一販売機能を持つ専売店、あるいは、単一サービス機能を持つ特約サービスステーションとしての出店も可能であった。また、東風日産は二級店への卸売販売を禁じていなかった（但し、東風日産からの許可が必要）。これらの政策が販売増に繋がるだけでなく、専営店の資金調達の困難性を低減することもできるので、東風日産の販売網の構築は非常に順調であった。東風日産が設立されてから、1年間も経たずに専営店数は100社まで増加した[121]。その後、東風日産の専営店数は毎年約50社の増加ペースで穏やかに成長してきた（図表4-6）[122]。

　2003年、東風日産の新車年間販売台数は6万5000台であったが、2004年になると、逆に6万1000台まで減少した。それは主に当時発売された新車種サニーの品質問題によるものとされる[123]。2005年、新車種ティアナの発売により、東風日産の新車販売台数が急速に回復した。その後、東風日産は販売網を整理しながら、段階的に経営改革を行った。その結果、東風日産の新車販売はずっと好調であった。特に2008年以降、東風日産は販売台数の急成長を実現した。2008年、東風日産の新車販売台数は35万4000台であ

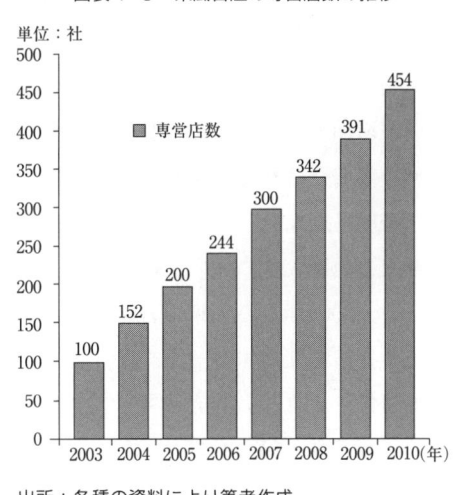

図表4-6　東風日産の専営店数の推移

単位：社

年	専営店数
2003	100
2004	152
2005	200
2006	244
2007	300
2008	342
2009	391
2010	454

出所：各種の資料により筆者作成。

121　単一の機能を持つ専売店や特約サービスステーションが専営店に昇格した例は少なくなかった。
122　2004年、東風日産のディーラー数が52社も増加したにも拘らず、新車販売台数が減少した。つまり、新車販売台数とディーラー数の正の相関関係が見られなかった。その原因は当時東風日産の大部分の新車販売が二級店によって販売されていたことにあると考えられる。東風日産は積極的に二級店を自社のディーラーに転換させる政策を取ったので、実際にその販売網の中で全体の販売店の数は大きく変化しなかった。
123　「天籟改変日产车在华命运　6月销量达6200台」『民営経済報』、2005年7月28日付け。

図表4-7　東風日産の新車販売台数の推移

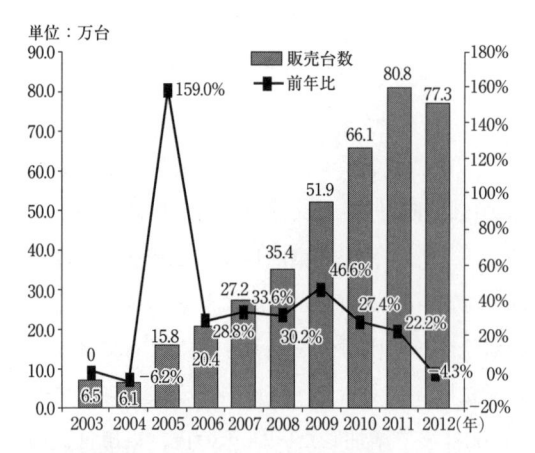

単位：万台

年	販売台数	前年比
2003	6.5	0
2004	6.1	-6.2%
2005	15.8	159.0%
2006	20.4	28.8%
2007	27.2	33.6%
2008	35.4	30.2%
2009	51.9	46.6%
2010	66.1	27.4%
2011	80.8	22.2%
2012	77.3	-4.3%

出所：『汽車報』の各年のデータにより筆者作成。

ったが、2011年になると、80万8000台まで増加した。2012年、日中関係の悪化の影響もあって、東風日産の新車販売台数は若干減少したが、その減少幅はそんなに大きくなかった（図表4-7）。

2008年、東風日産は中国全国に設置された10大区の下にそれぞれ販売部、サービス部、マーケティング部、水平事業部（自動車ローン、保険などの事業）の4つの部門を設置した。これは東風日産が中国の地域の差に気づき始めたともいえる。しかし、この4つの部門は互いに独立し、協調性が非常に悪かった。この問題を解決するために、2010年東風日産は調整機能と統括機能を持つ大区総責任者を設置した。2011年、東風日産は4つの部門を統合し、新規顧客開発部と既存顧客維持部を設立した。各大区内の従業員の1人当たりの業務種類が増加することになるが、1人当たりの管轄区域が縮小した。また、各従業員は部門だけを意識することから脱し、大区を意識するようになった。2012年、東風日産は東西南北の4つのマーケティングセンターを設置し、より多くの権限を地域大区に移転させた。

一方、2008年から、東風日産は「直営二級店」（サテライト店の一種）から専営店への昇格を促進する一方、専営店（ディーラー）による「直営二級店」の出店を加速化させた[124]。販売台数やアフターサービスの満足度などの条件が東風日産の評価基準を満たせば、「直営二級店」は直接専営店への昇格が可能である。

124　東風日産は主に2種類の二級店（サテライト店）がある。第1種は「直営二級店」である。「直営二級店」とは専営店（「4S」店）の全部出資、あるいは、部分出資（出資率51%以上）で設置された小型店舗のことである。このタイプの二級店を出すには、東風日産から許可を得たうえで「東風日産専営店直営二級拠点営業承諾書」にサインしなければならない。「直営二級店」は専営店と同様に、東風日産の指示通りに専売制、テリトリー制、統一販売価格の維持、標準の店舗作り、DMSの導入などの条件を守る必要がある。5km圏内はテリトリーである。第2種は「非直営二級店」である。「非直営二級店」は専営店（「4S」店）の協力販売店のことである。このタイプを出店するには東風日産の地域マーケティング部からの許可が必要であるが、他の運営はすべて専営店に任されている。また、このタイプのテリトリーが存在しなかった。因みに、専営店と二級店の利益の分配に関しては、7対3と決められていた。

2009年、新規専営店の内、60％が「直営二級店」から昇格した販売店だとされている[125]。東風日産の最初の販売網の中で二級店は多かったが、「直営二級店」の数は少なかった。東風日産の「直営二級店」は2007年に113店しかなかったが、2008年に146店、2009年に191店、2010年に239店と、平均毎年42店のペースで成長してきた。

2011年、東風日産は自主ブランド車である啓辰の発売に際して、「20kmサービス圏」計画を発表し、第2のチャネルを構築しようとした。「20kmサービス圏」計画とは啓辰ディーラー（専営店及びその二級店）と東風日産ディーラーの修理機能をシェアすることで20km当たり1つの修理拠点を確保しようとすることである。つまり、啓辰車は東風日産の専営店で修理することができる、逆に東風日産車は啓辰の専営店で修理することもできる。2011年、東風日産はまず自社の上位ディーラー（全国総合評価上位200社）に向けて募集を行った。同年10月、啓辰の最初の専営店は深圳で開業した[126]。2012年4月、啓辰D50の発売とともに、100社の啓辰専営店が同時に開業した。

2012年6月から東風日産は新たなディーラーとして「精英店」を設置し始めた。「精英店」は今までの専営店より規模が若干小さいが、日産ブランドと啓辰ブランドを併売している。

2013年4月までの1年間、啓辰の販売台数は7万台を突破した。このような急成長を実現できたのは商品力の強さ、「20kmサービス圏」計画の促進効果のほか、販売拠点数の急増も一要因である。2013年5月時点で、啓辰の二級店の数は1400店を越えていた[127]。

現在、東風日産の流通経路は図表4-8のようになった。基本的に東風日産ブランドと啓辰ブランドはそれぞれの販売網で販売されているが、「精英店」という一級店と「直営店」という二級店においては併売が行われている。東風日産の場合、専営店による直売が中心であるが、啓辰の場合、二級店を経由した販売が中心である。

以上のように、東風日産は最初から「4S」方式に拘らなかったが、その後、

---

125 「东风日产加速二级网点升级一级网点速度」『新京報』、2009年3月30日付け。
126 啓辰の出店リベートは200万元以上である。経済観察網「空店开张启辰渠道先行」。
http://www.eeo.com.cn/2011/1104/214940.shtml、2013年11月10日。
127 「启辰下半年将推R60　基于骊威平台而来」『東風日産の企業新聞』、2013年5月21日付け。

図表4-8　東風日産の流通経路（2013年）

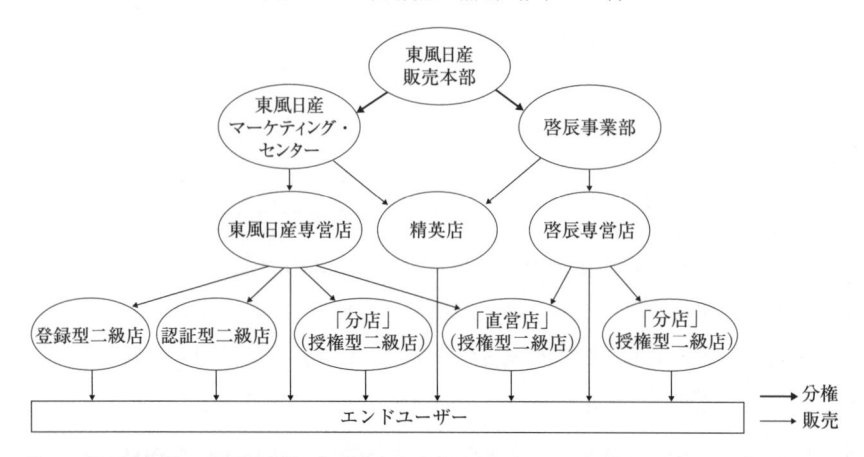

```
                    東風日産
                    販売本部
                   /        \
        東風日産              啓辰事業部
     マーケティング・
        センター
       /      \                  |
  東風日産専営店   精英店      啓辰専営店
    /    \         |            /    \
登録型二級店  認証型二級店  「分店」   「直営店」   「分店」
                          (授権型二級店)(授権型二級店)(授権型二級店)
                       ────────────────────
                            エンドユーザー         → 分権
                                                  → 販売
```

注　：2012年以降、東風日産は二級店のもとの分け方をやめ、二級店を３つのタイプに分けた。それは登録型二級店、認証型二級店、授権型二級店である。授権型二級店は元の「直営二級店」と基本的に同じではあるが、出資方式に関して制限はなかった。認証型二級店は専営店による出資という制限条件があるが、授権型二級店より比較的に自由度が高い。東風日産の指導のもとで店舗の設計、設備の用意、東風日産の商務政策の実行などを自主的に行うことができる。登録型二級店とは、東風日産で登録が済んだら、他のすべての運営は専営店に任せられているタイプである。授権型二級店以外のタイプは責任地域が存在しない。また、授権型二級店には「分店」と「直営店」という２つのタイプがある。

出所：筆者作成。

他の販売拠点を段階的に専営店（「４Ｓ」店）に転換した。2008年以降、東風日産は「直営二級店」の出店の加速化、地域への管理権限移転などを通して、自社の販売網へのコントロール力を強化しつつあった。一方、新しいブランドの導入によって、東風日産のディーラー網が複雑化し始め、「ディーラー・システム」が変容しつつある。

第６節　韓国系の現代起亜グループのチャネル政策

(1)　現代起亜グループの中国販売事業の概要

　2000年以降、(韓)現代起亜グループも本格的に中国自動車市場に参入し始めた[128]。まず、輸入車事業の拡大を狙い、2000年12月、現代起亜グループは中国・上海で現代汽車中国本部を設立した。そして2002年８月、現代起亜グルー

128　1998年、現代汽車グループは起亜汽車を買収した。

プは東風汽車集団及び悦達汽車と共同で東風悦達起亜汽車有限公司（以下、東風悦達起亜）を設立した。資本構成は東風汽車25％、悦達汽車25％、起亜汽車50％である。同年12月、現代起亜グループは北京汽車との折半出資で北京現代汽車有限公司（以下、北京現代）を設立した。2002年12月、北京現代と東風悦達起亜はそれぞれの最初の車種を生産し始めた。2003年12月、北京現代と東風悦達起亜の新車販売台数はそれぞれ5万台を突破した。ところが、2003年以降、北京現代は東風悦達起亜の倍ぐらいのスピードで急成長してきた。2012年、東風悦達起亜の新車販売台数は48万台であったのに対して、北京現代の新車販売台数は86万台以上であった。同年8月、現代起亜グループは四川南駿汽車と共同で四川現代汽車有限公司を設立し、商用車の生産を開始した。

　現在、現代起亜グループは5つの販売ルートを持っている。1つ目は東風悦達起亜を通しての販売である。2つ目は北京現代を通しての販売である。3つ目は四川現代を通しての販売である。4つ目は現代汽車車両事業部を通しての販売である。5つ目は起亜汽車車両事業部を通しての販売である。東風悦達起亜は東風悦達起亜のブランド車、北京現代は北京現代のブランド車を販売しているが、四川現代は新瑞康（トラック）、康恩迪表（バス）のブランド車を販売している。一方、現代と起亜の車両事業部は、ぞれぞれ現代と起亜の輸入車の販売ルートを展開している。

(2) 北京現代のチャネル政策

　2002年6月、北京現代は最初の4社ディーラーを設置し、販売網を構築し始めた[129]。同年12月、北京現代の最初の新車「ソナタ」が発売された。北京現代も最初から「4S」店を展開していたが、「4S」店に関しては、広州本田ほど厳しくなかった。

　まず、北京現代は「4S」店の卸売販売を禁じなかった。北京現代が卸売販売を禁じなかったのは販売の拡大に繋がるという理由のほか、ディーラーに対する配慮でもあった。当時、自動車の供給不足が続いていたので、多くの一般業販店は自動車を入手するために、ディーラーに前払い金を払うことが多かった。ディーラーはその前払い金を融資の手段として利用することができる。こ

---

[129]　張敏「北京現代4S店郝伟："現代"征程在継続」『汽車人』、2009年6月8日付け。

れはある程度「４Ｓ」店の高コスト体制を緩和した。2003年、浙江省最初の北京現代ディーラーである四通特約販売サービス店の最終ユーザーへの直売率は僅か15％であった[130]。同年、北京現代のディーラー数は100社まで達した。

次に、北京現代はディーラーの「４Ｓ」店の建設に一定の猶予を与えた。例えば、2003年当時、四通特約販売サービス店の店舗の外観が殆ど一般業販店と同じで、修理工場もほかの販売店から借りた形となっていた。同年８月、四通特約販売サービス店は漸く北京現代の基準に合う「４Ｓ」店に移した。

そして、当時、厳密な意味でのテリトリー制が存在していなかった。2004年、ディーラー数が180社以上になり、北京現代は漸くテリトリー制で管理し始めた。

さらに、当時北京現代は二重リベート制を実施していた。１つは固定的リベート制である。もう１つは業績評価リベート制である。業績評価リベート制の固定マージンは固定的リベート制のマージンより低いが、固定マージン以外のいくつかのリベート（プロモーションリベートなど）が存在する。業績評価リベート制を受けるには北京現代の審査を受けなければならない。但し、審査をクリアできなかった場合、固定マージンが削られることになる。

ところで、ソナタが発売されて以来、コスト・パフォーマンスを売りにした北京現代は急成長してきた。図表４−９のように、北京現代の新車販売台数は2003年の５万2000台から2006年の29万台まで増加した。しかし、2007年になると、その販売台数は逆に下がった。それは主に北京現代の商品力の弱さによるものであるが、販売網の不効率によるものでもある。北京現代の商品力の面においては、北京現代は年に１つの新車種を発売してきたが、2004年以降に発売された新車種

図表４−９　北京現代の新車販売台数の推移

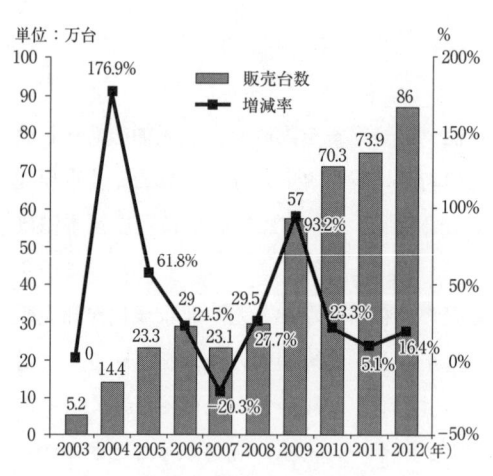

単位：万台

年	販売台数	増減率
2003	5.2	0
2004	14.4	176.9%
2005	23.3	61.8%
2006	29	24.5%
2007	23.1	−20.3%
2008	29.5	27.7%
2009	57	93.2%
2010	70.3	23.3%
2011	73.9	5.1%
2012	86	16.4%

出所：中国汽車工業協会のデータにより筆者作成。

---

[130] 2004年、その最終ユーザーへの直売率は33％まで上昇した。

は殆ど人気がなかった。一方、販売網の構築の面においては北京現代の販売チャネルへのコントロール力の弱さが問題となった。当時、殆どの北京現代ディーラーは多くの二級店を抱えていた。これらの二級店は北京現代からのコミットメントが殆どなかった。また、中国では大きな地域差が存在し、殆どのメーカーは地域別のリベート制を採用していたので、これらの二級店は販売価格の安い地域で仕入れて、当地のディーラーと同じ価格、あるいは、より低い価格で販売することができた。その結果、二級店間、ディーラー間、そして二級店とディーラー間の競争が激化し、北京現代のメーカー指定価格は自社販売網内の競争によって崩壊した。さらに、北京現代は中国全土を7つの区域を分けて管理していたが、各区域は殆ど各自の販売目標の達成だけに注意を払い、ディーラー間の協力を促進することはおろか、ディーラー間の矛盾をも解決できなかった。

　2007年、北京現代はいくつかの新政策を打ち出し、経営改革を推進した。まず、組織改革が行われた。北京現代は行政区画、場所、ディーラー数などの条件に基づいて3つの事業部を設置した。この3つの事業部は販売本部によって直接管理されるが、販売、ディーラーの開発、地域プロモーションなどの多くの権限を持っている。各事業部の下にそれぞれ3つの区域事業所がある。各区域事業所は各地域所属のディーラーに対して直接管理を行う。その組織改革を通して、北京現代の管理組織は3段階管理体制から4段階管理体制へと変わったが、各地域の市場の異なる需要に対応することができるようになった。

　次に、北京現代はサテライト店とミニ「4S」店の建設計画を打ち出し、既存の二級店への依存性から脱出しようとした。実際に、2006年6月から北京現代は二級店の乱売による価格崩壊の問題に気づき、一時期杭州で二級店への販売の禁止令を出したことがある。その期間において、北京現代は各ディーラーに2社ずつの二級店を選出させて、二級店に対してトレーニングを行った。もちろん、それらの二級店に関する情報は北京現代によって登録され、そしてある程度北京現代の間接的なコミットメントを受けることとなった[131]。しかし、二級店は併売なども行い、数も多く存在し、それらへのコミットメントは課題となった。2006年前後に北京現代はサテライト方式を取った。北京現代の「サ

131　浙江汽車網「北京現代今日重返汽車城」。
　　http://auto.zjol.com.cn/05car/system/2006/07/03/007714715.shtml、2013年11月11日。

テライト」店は殆ど北京現代ディーラーの直営店であり、その販売行動もそのディーラーの業績と直接関わり、北京現代にとってコミットメントしやすいタイプの二級店である[132]。北京現代の「サテライト」店は2007年の30店から2009年の150店舗、そして、2011年の200店舗まで急速に増加した（図表4-10）。

また、2008年から北京現代は「快修店」方式を実験的に展開した[133]。これはそれまで北京現代が展開してきた特約サービスステーションと違い、ディーラーによる出資が特徴である。また、このタイプの「快修店」は特約サービスステーションと同じく北京現代の自動車しか修理することができない。

2010年から、北京現代は「D＋S」（中高級セダン＋SUV）戦略を打ち出し、ブランドイメージの向上を狙った。2009年、北京現代の「D＋S」の割合（全車種の販売台数に占める割合）は18％しかなかったが、2010年に26％、2011年に36.2％へと急増加した。2012年になると、「D＋S」の割合は33.7％まで若干低下したが、2013年5月時点で37.2％まで回復した[134]。この戦略の実施と同時に、多くの非認可の二級店が整理されていた。

現在、北京現代は図表4-11のような流通経路を形成した。新車販売に関しては、「4S」店が中心的な役割を果しているが、「サテライト」店と販売協力店を通しての2段階販売ルートも存在する。一方、部品販売に関しては、北京現代は特約サービスステーションのほか、「快修店」をも出店させていた[135]。以上のように、北京現代は最初か

図表4-10　北京現代の「4S」店と「サテライト」店の店舗数の推移

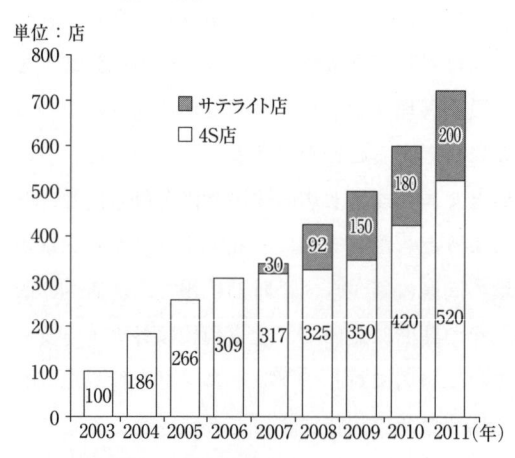

単位：店

年	4S店	サテライト店
2003	100	
2004	186	
2005	266	
2006	309	
2007	317	30
2008	325	92
2009	350	150
2010	420	180
2011	520	200

出所：各種の資料により筆者作成。

---

[132] サテライト店の定義から見ると、北京現代のもとの二級店（販売協力店）も含まれるが、ここでの「サテライト店」にはそれらを含まない。
[133] 「车市竞争加剧　北京现代试水快修店进军后市场」『南方都市報』、2011年4月14日付け。
[134] 「北京現代全力冲刺"百万千亿"」『経済参考報』、2013年8月29日付け。
[135] 多くのメーカーは「4S」店による「快修店」の出店を認めない。

ら比較的に緩やかな「ディーラー・システム」を採用し、販売台数増を狙った。その後、販売台数とディーラー数の増加によって、北京現代の販売網の中で共食いの問題が発生し、統一価格制が崩壊した。それらの問題を解決するために、北京現代は二級店に対して整理を行ったが、大きな効果が得られなかった。そこで、北京現代は経営組織の改革を行いながら、「サテライト」店とミニ「４Ｓ」店の建設計画を打ち出し、既存の二級店への依存性から脱出しようとした。その結果、「ディーラー・システム」における北京現代のコントロール力が強化されるようになった。

図表４−11　北京現代の流通経路

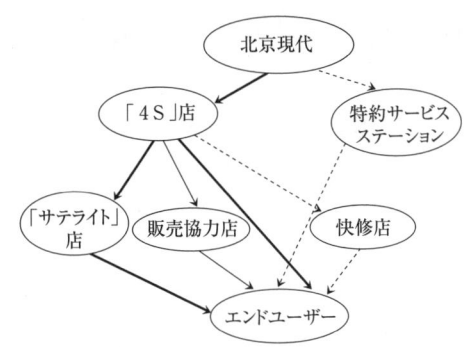

→ 完成車と部品の流通ルート
---> 部品だけの流通ルート
→ 完成車だけの流通ルート

出所：筆者作成。

第７節　中国民族系の奇瑞汽車のチャネル政策

　奇瑞汽車株式有限公司（以下、奇瑞汽車）は安徽省蕪湖市政府の地方経済振興プロジェクトとして発足した地方国有メーカーである。奇瑞汽車の前身は1995年に設立された安徽汽車部品工業公司である。これは当時、中国政府が「三大・三小・二微」の乗用車集中生産政策を打ち出し、乗用車メーカーの新設を許可しなかったことが背景にある。1996年以降、中央政府は乗用車生産への新規参入を認める方針を打ち出した。そのチャンスを利用し、1997年１月安徽汽車部品工業公司が正式に奇瑞汽車として再出発した。1999年12月、奇瑞汽車の最初の自動車である「奇瑞CAC6430」がラインオフされた。しかし、政府からの販売許可が下りなかったため、奇瑞車の販売は許されなかった。2001年３月、奇瑞汽車は上海汽車集団に加盟することで「奇瑞CAC6430」を正式に発売した[136]。

---

[136] 当時、奇瑞汽車の社名は上汽奇瑞へと変更された。2003年、奇瑞汽車は独自の販売権を手に入れ、上海汽車集団から独立した。

2001年当時、奇瑞汽車は1車種しか生産しなかったため、「限区域・独家連鎖（テリトリー制）」という販売方針を取った。店舗の形態としては、「4S」店の建設とサービスセンターの設置が同時に行われた[137]。しかし、「4S」店による専売体制が維持できず、多くの自動車は一般業販店に流された。

　2003年、奇瑞汽車は「東方の子」「QQ」「旗雲」といった3車種を新たに開発し、市場に投入した。それと同時に、奇瑞汽車は多くの販売拠点を新設した。販売拠点の新設にあっては、奇瑞汽車は未開拓地域に新規出店させるのだけでなく、既存のディーラーのテリトリーを縮小させ、同一地域においてもできるだけ多くの新店舗を出店させようとした。その結果、既存ディーラーとの関係が悪化し、訴訟まで至ったこともあった。2004年、中国政府の金融の引き締め政策で、買い控えの消費者が急増し、拠点数が密集した奇瑞汽車のディーラーは価格競争に走った。その結果、消費者は「もう少し待てば価格はまだ下がるだろう」という期待心理が生じ、奇瑞車に対してさらに買い控えた。2004年、奇瑞汽車の販売台数は当初目標の半分しか達成できず、販売総経理である孫勇はその責任を負い、辞任した[138]。

　その後、新たな販売総経理として李峰が就任した。李峰が打ち出したのは「分網体制」と称された改革案である。「分網体制」とは全車種を同一のチャネルで販売するのではなく、複数のチャネルで販売することである。その狙いは主に3つある。1つ目は同一地域内の複数ディーラーに異なる車種を販売させることで価格競争を回避することである。つまり、前の政策への反省である。2つ目はある特定の車種への偏りを防ぐことである。それはディーラーがいつも収益性の高い車種だけを販売しようとする傾向があるからである。3つ目は各ディーラーに販売資源を集中させることで各車種の販売を最大化することである。但し、奇瑞汽車は車種の減少による顧客流失を防ぐために、ディーラーにもう1つの役割を与えた。図表4-12のように、A社は旗雲、瑞虎、QQの3車種のディーラーである一方、C社のサブディーラーである。また、C社は旗雲、瑞虎、QQの3車種の販売に関してはA社のサブディーラーになる可能性も十分あるが、サブディーラーとしての委託販売契約を結ばなければならない。ディーラーとしての利益は利幅とインセンティブにあるが、サブディーラーと

137　李（2010）、P8。
138　同上書、P9。

第Ⅳ章　メーカーの視点から見る「ディーラー・システム」の変容

図表4-12　奇瑞汽車の分網体制

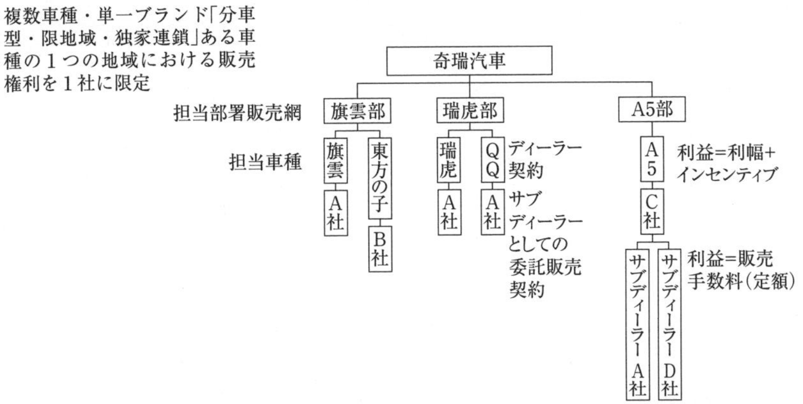

```
複数車種・単一ブランド「分車
型・限地域・独家連鎖」ある車                   ┌─────奇瑞汽車─────┐
種の１つの地域における販売           ┌────────┼────────┐
権利を１社に限定                    旗雲部      瑞虎部        A5部
           担当部署販売網         ┌──┐    ┌──┬──┐    ┌──┐
                                旗雲  東方の子  瑞虎  QQ      A5    利益＝利幅＋
           担当車種              A社   B社   A社  C社    C社   インセンティブ
                                                  ディーラー
                                                  契約      サブ      サブ    利益＝販売
                                                  サブ      ディー    ディー   手数料（定額）
                                                  ディーラー ラーA社  ラーD社
                                                  としての
                                                  委託販売
                                                  契約
```

注　：「分車型、限地域・独家連鎖」の内実は車種ごとのフランチャイズ権を与えることである。
出所：李（2010）P9により一部修正。

しての利益は定額の販売手数料だけである。サブディーラーを通しての販売でも、そのディーラーの販売台数として計上され、インセンティブの額に影響する。分網体制に加え、奇瑞汽車の販売方針は「分車型、限地域・独家連鎖」となった。因みに、どの車種を取り扱うディーラーであろうと、店舗の標識、外観とレイアウトなどは同じである[139]。

一方、奇瑞汽車は「分網体制」のもとでディーラーの販売効率を高めようとして、ディーラーをランクづけた。奇瑞汽車のランクは、普通級からダイヤモンド級の５ランクがあるが、それぞれのインセンティブが違う。ダイヤモンド級のディーラーはいくつかの車種を販売できるのに対して、普通級のディーラーは１車種か２車種しか販売できない。

「分網体制」の実施によって、奇瑞汽車の販売台数は2004年の８万6600台から回復し、2005年に18万9000台、2006年に30万5000台、2007年の38万800台と、３年連続の大躍進を実現した（図表4-13）。それと同時に、以前一般業販店への横流しも改善された[140]。

また、「分網体制」の補充として、2007年、奇瑞汽車は中国全土の16省の20都市に「奇瑞汽車城」を建てることを宣言した。しかし、投資額の大きさに加

---

[139] 同上書、P10。
[140] 同上書。

図表4-13　奇瑞汽車の販売台数の推移

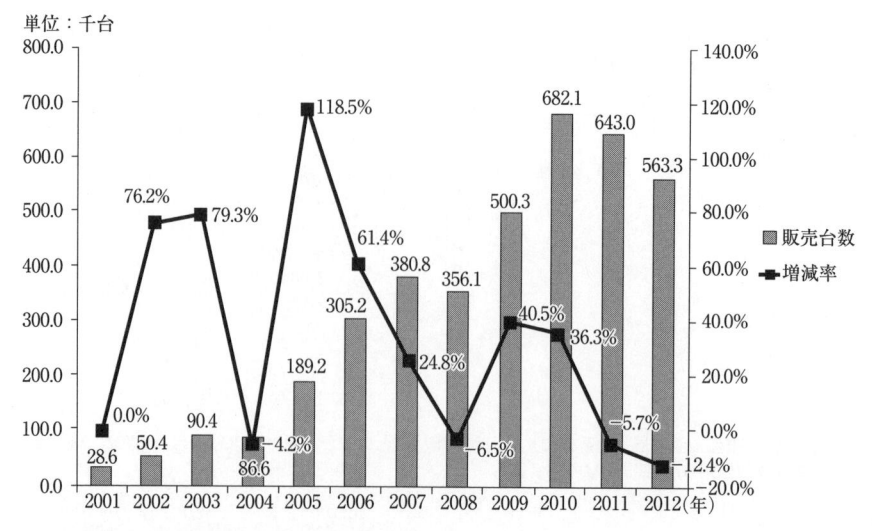

単位：千台

年	2001	2002	2003	2004	2005	2006	2007	2008	2009	2010	2011	2012
販売台数	28.6	50.4	90.4	86.6	189.2	305.2	380.8	356.1	500.3	682.1	643.0	563.3
増減率	0.0%	76.2%	79.3%	-4.2%	118.5%	61.4%	24.8%	-6.5%	40.5%	36.3%	-5.7%	-12.4%

出所：中国汽車工業協会のデータにより筆者作成。

え、2008年の金融危機などの影響でその計画は直ちに白紙に戻された。また、2008年の景気の後退によって商品力の弱さが露出したうえで、ディーラーとサブディーラー間の競争が激化し、そしてメガ・ディーラーからの「裏切り」もあって、その結果、2008年の48万台の販売目標は達成できず、李峰は責任を取り、辞任した[141]。

2009年3月、奇瑞汽車が新たに打ち出したのはマルチブランド政策であった。その結果、奇瑞汽車は「奇瑞（CHERY）」というブランドのほか、「瑞麟（RIICH）」「威麟（RELY）」「開瑞（Karry）」といった3つの新たなブランドを持つようになった。「奇瑞（CHERY）」はローエンド乗用車ブランドであるのに対して、「瑞麟（RIICH）」は高級乗用車ブランド、「威麟（RELY）」は高級商務用車（SUV、MPV）ブランド、そして「開瑞（Karry）」は商用車ブランドである。「奇瑞（CHERY）」は奇瑞汽車販売公司によって販売されたが、「瑞麟（RIICH）」「威麟（RELY）」は奇瑞麒麟汽車販売公司に、「開瑞（Karry）」は奇瑞開瑞汽車販売公司によって販売されていた。その時点で奇瑞汽車はブランド別の4つの販売チャネルを持つようになった。また、「奇瑞（CHERY）」はなお奇瑞1部と

---

[141] 李峰はメガ・ディーラーを育成しようとしたが、2008年の危機が訪れた時、メガ・ディーラーは自らの利益を優先し、車両の発注を拒んだ。詳細は塩地（2011）、P137。

奇瑞2部という2つの商品系列別の販売チャネルを持っていた[142]。

　奇瑞汽車のマルチブランド政策の狙いは主に3つある。1つ目はディーラーに対する統括力の強化である。「分網体制」のもとで奇瑞汽車はメガ・ディーラーとの関係を重視し、小規模のディーラーとの関係を殆ど無視してきた。しかし、いざという時、メガ・ディーラーへのコントロールの力が効かなくなった。2つ目は「奇瑞」というローエンド乗用車ブランドから脱出することである。3つ目は豊富なラインアップで市場の全セグメントの需要に対応し、販路を広げることである。

　2009年、中国政府の小型車の促進策に加え、「汽車下郷」政策も実施された。これは三、四級都市を中心市場とした奇瑞汽車にとって好都合で、2009年に50万台、2010年に68万2000台と、奇瑞汽車の販売台数は急速に回復し、それまでの記録を刷新した。しかし、2011年に入ると、政府の促進策の終了と同時に奇瑞汽車は再び販売不振に陥った。

　実際に、2006年から奇瑞汽車は毎年多数の新車を投入してきた。2009年の一年間、奇瑞汽車は16もの新車種を発売した[143]。しかし、それらの車種は同じ生産ラインで生産されたことが多く、大きな違いはなかった。例えば、旗雲3とE5及び瑞麟G3。この点を補うために、2010年9月、奇瑞汽車は事業部制を採用し、旗雲事業部、威麟事業部、開瑞事業部、乗用車製造事業部（奇瑞系列の製造）、動力総成事業部及び国際事業部といった6つの事業部を設置した[144]。旗雲事業部、威麟事業部、開瑞事業部といった3つの事業部は販売だけでなく、生産、研究開発の機能も揃っていた[145]。しかしながら、「奇瑞（旗雲系列を含め）」以外のブランドは殆ど売れなかった。一方、奇瑞系列と旗雲系列の車種数は急速に増加したにも拘らず、販売増は実現されなかった。

　そこで、2011年上半期、威麟事業部が廃止された。そして、2012年4月、奇瑞汽車はすべてのブランドを「1つの奇瑞」に帰することを正式に発表し、奇瑞ブランドの新LOGOを起用し、他の3つのブランドを廃止しようとした[146]。

142　詳細は李（2010）P12参照。
143　「破茧重生看奇瑞」『人民日報』、2013年8月26日。
144　奇瑞系列とは旗雲系列以外の奇瑞ブランド車である。
145　「效仿大众　奇瑞汽车公司推行事业部制」『第一財経日報』、2010年9月20日付け。
146　当面、在庫の処理には時間がかかるので、目標としては2016年までにすべての車のLOGOを新LOGOに統一させることである。

それと同時に、奇瑞汽車の車種数が32から16まで減らされた[147]。同年6月、旗雲系列の販売権が奇瑞販売有限公司に移ったことで、奇瑞販売有限公司はすべての乗用車車種の販売権を回収した。その後、奇瑞販売有限公司は再び販売部を奇瑞1部（奇瑞系列、瑞麟ブランド、威麟ブランド）と奇瑞2部（旗雲系列）に分けた。この時点で、奇瑞汽車の乗用車の販売チャネルが2つに集約された[148]。さらに、2013年8月奇瑞1部と奇瑞2部が統一されてから間もなく、奇瑞汽車の乗用車の販売チャネルも1つに集約された。

　以上のように、奇瑞汽車は単一車種の不完全な「ディーラー・システム」から多車種の完全なる「ディーラー・システム」へと変わろうとした。しかし、このようなシステムも完璧なものではなかった。ディーラー間及びディーラーとサブディーラー間の競争で共食いが発生し、ディーラーへのコントロール力も弱まり、販売が不調となった。そこで、奇瑞汽車はマルチブランド政策を通して、ブランド別の「ディーラー・システム」を構築しようとした。政府の促進策と相まって、一時期奇瑞汽車は一定の成果を獲得したが、商品力とブランド力の弱さによってマルチブランド政策は完全に失敗した。その後、奇瑞汽車はマルチブランド政策を放棄し、販売チャネルを一本化し、「ディーラー・システム」を再構築しようとしている。

結　　び

　以上で7社のメーカーのチャネル政策を考察した。ここで、その関連性を考察する。

　「ディーラー・システム」構築のプロセスから見ると、上海VWは販売店の選別、製販の一体化などを通して、既存の多段階かつ多種多様な流通ルートを段階的に修正し、「4S」方式の「ディーラー・システム」を構築してきた。一方、上海GMと東風日産及び北京現代は何らかの理由で最初からは完全なる「4S」方式の「ディーラー・システム」を築いていなかったが、「4S」店を中心とする1段階と2段階の「ディーラー・システム」を構築してきた。この3社は「4S」店、単一販売機能の専売店、単一修理機能の特約修理サービス

147　それと同時に、全従業員の1/3弱が解雇された。
148　「事業部改革懸空　奇瑞"変速"」『経済観察報』、2012年6月29日付け。

ステーションの3つのタイプを展開しながらも、専売店や特約修理サービスステーションから「4S」店への昇格を促進してきた。そして、その過程の中で二級店への管理を強化してきた。また、広州本田と一汽豊田は当初から強制的専売制、テリトリー制、卸売販売の禁止、標準的な店舗設計と運営方式などを通して完全なる「4S」方式の「ディーラー・システム」を構築してきた。

「ディーラー・システム」変容のプロセスから見ると、上海VW、上海GM、東風日産、北京現代の4社は非常に類似している。この4社はいずれも多くの二級店を抱えているので、これらの二級店を一気に切り捨てることができなかった。そこで、この4社はサテライト店を展開し、二級店をサテライト店に転換させることで流通ルートへの管理を強化しようとした。一方、広州本田と一汽豊田は完全なる「4S」方式の「ディーラー・システム」の延長としてサテライト店を展開していた。この2社のサテライト店は上海VWなどの4社と違い、全部「4S」店による出資であり、「4S」店と同じようなコミットメントを受けている。つまり、広州本田と一汽豊田の流通ルートに対するコントロール力は依然として強固である。

一方、奇瑞汽車に関しては、「分区域・独家連鎖」から「分網制」へ、「分網制」から「マルチブランド」政策へ、「マルチブランド」政策から「1つの奇瑞」政策へと、「ディーラー・システム」の構築と変容が同時に進行していた。

しかし、いずれにせよ、やや差はあるが、下部組織への権限移転、ディーラー網への管理強化などの面において、各メーカーはほぼ一致した行動を取ってきた。つまり、「ディーラー・システム」の変容はメーカーのコントロール力強化の方向に向かって進行中だと結論づける。

第 Ⅴ 章
ディーラーの視点から見る「ディーラー・システム」の変容

　今まで「ディーラー・システム」の中でディーラーの役割は従属的であるため、ディーラーの視点から「ディーラー・システム」の変容を考察する研究は殆ど存在しなかった。しかし、現在の中国ではメーカーに匹敵するぐらいのいくつかの大規模なディーラーが存在している。例えば、広汇汽車（2012年、新車販売台数48万4000台、販売店舗数602店）と厐大（庞大）汽車（2012年、新車販売台45万2000万台、販売店舗数1429店）などがある。現段階ではもはやディーラーの役割を無視することができなくなってきた。

　この部分に入る前に、ここで「ディーラー」の定義を改めて説明する。中国ではメーカーによってディーラーは違う名称で呼ばれている。例えば、専営店、特約店、専売店、特約専売店、品牌授権店などがある。ここで、それらの名称に拘らず、メーカーと専売制及びテリトリー制を主な内容とするフランチャイズ契約を結んだ新車の小売販売業者のすべてを「ディーラー」とする。また、新たな「４Ｓ」店を展開するには新たな法人を設置し、再びメーカーとのフランチャイズ契約を結ばなければならないので、「４Ｓ」店を新車販売、部品販売、アフターサービス、情報のフィードバックといった４つの機能が揃った専売ディーラーと見なす。

　本章においては、まず、自動車ディーラーの成長と現状を明らかにし、大規模ディーラー化が急進行した原因を分析する。次は事例研究を通してディーラーの大規模化が「ディーラー・システム」にどのような影響を与えつつあるのかを考察する。

第１節　自動車ディーラーの成長と現状

(1) 自動車ディーラーの成長

　1999年前後、最初の「ディーラー・システム」が広州本田によって導入され

た。つまり、その時点から中国において本格的な意味での自動車ディーラーが初めて出現したといえる。その後、多くのメーカーがそれぞれのディーラー網を展開し始めた。当時、自動車の需要が供給を大きく上回った一方、新規参入メーカーも殆ど商品力の高い新モデルを発売したので、自動車の販売が好調で、ユーザーはプレミアム価格をつけないと手に入らないほどであった。2003年当時、広州本田が発売したアコードのプレミアム価格は通常販売価格より8万元（約144万円）以上高かった[149]。そこで自動車の販売に関しては、「4S」店に投資すると必ず儲かるという噂が広がり、自動車販売の投資ブームを引き起こした。2003年、北京現代は初めてディーラー網の構築に乗り出した時、100店舗の「4S」店との出店計画を発表すると、2300人の応募者が殺到した。同年、国産BMWが24店舗を募集したら、3000人以上の応募者が殺到した。このように、各メーカーのディーラー網の整備につれて中国の自動車ディーラー数が急増し、2005年になると、中国の乗用車ディーラー数はすでに1万社を突破した（図表5-1）。つまり、1999年から2005年の6年間、年間平均1600社以上のペースで乗用車ディーラーが新設された。

　2005年以降、中国の自動車市場が売り手市場から買い手市場へと転換し始めた。消費者から値下げへの期待に加え、一部の大都市においては、価格競争の激化、オーバーストアなどの問題が発生し、赤字で撤退したディーラーも続々と現れた。これらの多くは中国自主ブランドのディーラーであったが、ディーラー全体から見ても売上総利益率は2003年の9.11％から2004年の6.85％、そして2005年の4％まで下がった[150]。2005年以降、ディーラー、特に自主ブランドのディーラーの成長が減速し始めた。図表5-1のように、2005年から2008年の4年間、中国のディーラー数は1万75社から1万2499社まで、年間平均606社の増加ペースであった。そのうち、自主ブランドのディーラー数は5000社から5560社まで年間平均140社の成長ペースしか実現しなかった。

　2008年以降、中国政府の自動車消費の促進策によって、中国の自動車消費が急速に回復し、自動車販売が再び好調に転じた。その内、特に1.6リットル以

149　1元＝18円という2003年の為替レートで計算する。
150　ここでいう自主ブランドとは中国民族系のブランドのことである。搜狐汽車「汽车4S店在中国还能走多远？」。
　　http://auto.sohu.com/20060704/n244086584.shtml、2013年11月12日。

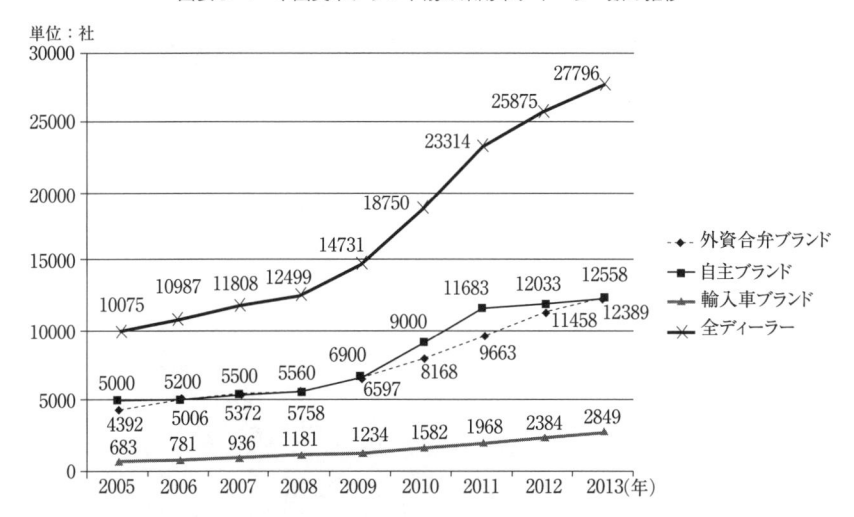

第Ⅴ章　ディーラーの視点から見る「ディーラー・システム」の変容

図表5-1　中国資本ブランド別の乗用車ディーラー数の推移

単位：社

凡例：
- ◆ 外資合弁ブランド
- ■ 自主ブランド
- ▲ 輸入車ブランド
- × 全ディーラー

全ディーラー：10075（2005）、10987（2006）、11808（2007）、12499（2008）、14731（2009）、18750（2010）、23314（2011）、25875（2012）、27796（2013）

外資合弁ブランド：4392、5006、5372、5758、6597、8168、9663、11458、12389

自主ブランド：5000、5200、5500、5560、6900、9000、11683、12033、12558

輸入車ブランド：683、781、936、1181、1234、1582、1968、2384、2849

注：研究機関によって自動車のディーラー数には一定の差はあるが、本書ではサンプル数が一番多い新華信のデータを使う。中国汽車流通協会の報告によると、2011年中国全国の自動車ディーラー数は7万2000社で、乗用車ディーラー数は2万180社であった。
出所：新華信Dearler Mapにより一部修正。

下の小型車が特に優遇されていた。一方、2007年に長安マツダ（長安フォードマツダから分離）、2010年に長安PSA（プジョー・シトロエン）、東風欲隆（合弁側は台湾最大の自動車メーカー）、新たなメーカーの参入に加え、各外資合弁系メーカーの自主ブランドの発売によって、乗用車ディーラー数の成長スピードが前の水準を大幅に上回った。2008年から2011年までの3年間、年間平均3605社以上の増加スピードが記録された。その中、小型車を中心とする中国の自主ブランド車の販売が絶好調となり、成長スピードは外資合弁ブランドを上回った。2011年以降、自動車市場の拡大の減速につれて、乗用車のディーラーの成長スピードもやや減速したが、高成長が依然として維持されている。2013年上半期、中国のディーラー数は2万7796社であった。

(2) 乗用車ディーラーの分布

図表5-2のように、中国の乗用車ディーラーは華北、華東、華南地域を中心に分布している。その内、山東省、江蘇省、浙江省、広東省においてはそれぞれのディーラー数が1000店（社）を超えていた。一方、西北、西南地域の大部分の省においてはディーラー数が500店（社）以下であった。実際に、2008

図表5-2　2011年中国乗用車ディーラーの全国分布図

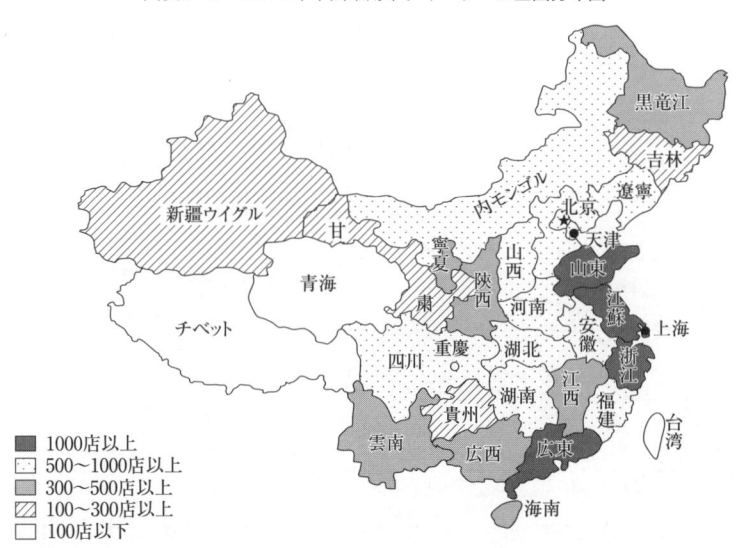

■ 1000店以上
▦ 500〜1000店以上
▨ 300〜500店以上
▧ 100〜300店以上
□ 100店以下

出所：『中国汽車流通行業発展報告』(2011-2012)により一部修正。

年以降、中国の自動車ディーラー網はすでに中西部へと浸透し始めた。2010年と比べ、2011年、中部地域のディーラー数が明らかに増加した。2011年、河南省、河北省、内モンゴル、江西省、湖北省においてはそれぞれ38.2％、28.3％、28.1％、25.3％、24.7％のディーラー数の増加率が実現された[151]。

(3)　中国自動車ディーラーの経営状況

　図表5-3のように、2011年、中国の新車販売台数は1850万台を突破した。その内、乗用車の販売台数は78.2％の割合を占めていた。一方、乗用車のディーラー数は2万181社でディーラー全体の半分以下であったが、日本の1064社と米国の1万7700社より多かった。従業員数と新車販売台数から分かるように、中国ディーラーの店舗は大きくて、日米の店舗規模を遥かに超えていた。1店舗当たり売上高から見ると、中国は米国より低いが、日本より高い。しかし、1店舗当たりの従業員数を入れて算出すると、中国のディーラーの生産性がまだ一番低かったことが分かる。また、売上の構成から見ると、中国ディーラー

151　『中国汽車流通行業発展報告』(2011-2012)、P19。

第Ⅴ章 ディーラーの視点から見る「ディーラー・システム」の変容

図表5-3 中日米のディーラーの経営状況(2011年)

	新車販売台数	流通業界全体の売上高	ディーラー数	店舗当たりの売上高	売上構成	店舗当たりの販売台数	新車平均販売価格	店舗当たりの従業員
米国	1273.4万台（そのうち：乗用車47.8%、商用車52.2%）	6149億ドル（49兆4000億円）	17700社	1930～2171万ドル（15.5～17.4億円）	新車販売（54.4%）中古車販売（32.4%）部品・サービス（13.2%）	403～454台	30659ドル（約246万円）	29～33人
日本	421万台（そのうち：乗用車83.7%、商用車16.3%）	11兆2000億円	約14000店（法人数1064社）	約7.9億円（1法人当たり104.9億円）	新車販売（63.3%）中古車販売（13%）部品・サービス（22.1%）	211台*（1法人当たり約2776台）	約210万円*	15～22人（1法人当たり約200人～300人）
中国	1850.5万台（そのうち：乗用車78.2%、商用車21.8%）	28810億元（36兆9000億円）	72000社（そのうち：乗用車20181社）	9993万元*（12.8億円）	自動車販売（88%）部品・サービス（12%）	642台*	14万元（約180万円）	59人*（2009年）

注：①1人民元＝12.8円、1ドル＝80.26で計算する。
　　②*のついたのは乗用車のデータである。
　　③中国に関するデータは全部中国汽車流通協会の発表によるものである。
出所：各種資料により筆者作成。

の場合、自動車販売88%、部品・サービス12%であった。つまり、日米より自動車販売に依存していることが分かる。

(4) ディーラーの大規模化の急進行の原因

中国ではディーラーの大規模化はメーカーがその販売網を展開した時点からすでに始まった。例えば、1998年に自動車販売業に参入した中昇グループは2001年その傘下にすでに6社以上のディーラー（「4S」店）があった。しかし、前にも述べたように、ディーラーの大規模化が急進行し始めたのは2008年以降のことである。では、なぜそのタイミングで大規模化が急速に行われたのか。

まず、考えられるのはディーラーの収益性の高さである。2000年前後、ディーラーは殆ど1年か2年で高い投資コストを回収することができた。2005年以降、ディーラーの収益性が下がったとはいえ、自動車販売への楽観的なムードはまだ維持されていた。実際に、2005年以降、自動車市場の急成長が維持され、

大部分のディーラーの経営状況が良好であった。2008年になると、新車販売が不調となり、多くのディーラーが赤字となったが、アフターサービスを強化することで自身の収益性が向上できるという見込みがあるからである。

　次に、考えられるのはディーラー・グループの資本調達力である。中国のディーラー・グループの多くは中国物資公司や機電設備公司など（中国旧分配システムのメンバー）から転換されてきた[152]。これらの会社は政府との関係で強い資本調達力を持つだけでなく、人脈も広い。2005年5月、政府は内需拡大政策の一環として、500億元の支援金（低金利のローン方式）を流通業に投入した[153]。これはディーラー・グループの資本力を大きく増強した。そして2011年12月に公布された「関于促進汽車流通業"十二五"発展的指導意見」も、大規模ディーラー・グループの成長に一定の促進効果を果した。

　さらに、「4S」店の新規出店の困難性もその一因だと考えられる。「4S」店を出店するにはメーカーから厳しい審査があり、しかも、多くの初期投資コストがかかる。殆どの場合、新規出店より買収のほうはコストが低かった。2008年、多くのディーラーが経営不振に陥って、このチャンスを摑めば、最も低いコストでより多くの店舗を確保することができるからである。

　最後に、「4S」方式の「ディーラー・システム」に対する危機感もその一要因である。2005年以降、自動車市場の供給関係が変わり始めたにも拘らず、一部のメーカーはより多くの市場シェアを獲得するために、ディーラーの利益を無視してきた。例えば、勝手にディーラーのテリトリーを縮小し、あるいは、責任在庫を強要することがあった。また、中国ではフランチャイズ契約の期間は殆ど1年～2年の短期間であるため、多額の資金を投入したディーラーにとってフランチャイズ権が回収されるリスクがあまりにも大きかった。それで、多くのディーラーは経営のリスクを軽減するために大規模化という道へと進めてきた。

---

[152] 2011年ディーラー・グループ売上高のランキングの上位10社のうち、7社が旧分配システムのメンバーから転換されてきたのもである。
[153] 中国証券網「国開行将提供500亿元政策性貸款支持流通业」。
　http://www.cnstock.com/zxbb/2007-08/10/content_2414657.htm、2013年8月10日。

第2節　ディーラーの大規模化と「ディーラー・システム」の変容

　本節においては、まずディーラーの分類を行い、大規模ディーラーの主な特徴を明らかにする。次に事例研究を通して大規模なディーラーが「ディーラー・システム」に与える影響を考察する。

(1)　乗用車ディーラーの分類

　経営規模の大きさから中国の乗用車ディーラーを3つのタイプに分類できる。1つは単店販売拠点型ディーラーである。このタイプは基本的に1店舗しか持っていないので、経営上において1つのメーカーの政策に大きく依存する。例えば、中国ではディーラーのテリトリーの範囲に関する内容がフランチャイズ契約に明確に記入されていなかったうえに、法律による保護もなかったため、メーカーは自己のチャネル政策によってディーラーのテリトリーの範囲を縮小させることができるので、メーカーのチャネル政策はこのタイプのディーラーの存亡に関わっているともいえる[154]。2011年時点、このタイプのディーラーは約1万2590社で、乗用車ディーラー数全体の54％を占めていた[155]。

　1つは「4S」店の店舗数（ディーラー数）は1社以上10社以下、あるいは、店舗数（ディーラー数）が1社以上、売上高が11億元（約141億円）以下のディーラー・グループである[156]。このタイプは一部の経営リスクの分散、あるいは、経営上で一定の相乗効果を得ることができるが、それらの効果が非常に限られている。また、ディーラーの経営規模はまだそれほど大きくないため、新たな情報システムの導入や新たな事業の展開などの力は殆ど持っていなかった。このタイプは主に店舗数の増加と既存店舗の経営効率の向上に取り組むことで成長を実現していく。2011年時点でこのタイプに属するディーラーは6772社で、乗用車ディーラー数全体の29％を占めていた。

　1つは店舗数（ディーラー数）が10社以上、あるいは、年間売上高が11億元

154　2005年、奇瑞汽車がディーラーに訴えられた。その原因は口頭上の約束があるものの、奇瑞汽車はその約束を破り、勝手にそのディーラーのテリトリー内に新たなディーラーを設置した。
155　新華信Dearler Mapにより算出。
156　2011年中国では乗用車の1店舗（「4S」店）当たりの売上高が9993万元（約12億8000万円）であった。

（約141億円）以上の大規模なディーラー・グループ（メガ・ディーラー）である。このタイプのディーラーは豊富な資金力を持ち、規模の経済性を最重視する一方、多様な事業を展開し、経営リスクの分散にも努めている。しかし、中国ではディーラーによる１つの地域、あるいは、１都市での独占は堅く禁じられているので、同じフランチャイズであろうと、その相乗効果に限界がある。異なるフランチャイズの場合はなおさらである。つまり、これらのディーラーもメーカーの「ディーラー・システム」に組み入れられていた。しかし、このタイプのディーラーは多くの方法を模索し、「ディーラー・システム」の限界を超えようとしている。2011年時点で、このタイプに属するディーラーは3952社で、乗用車ディーラー数全体の17％であった。

(2) 中昇集団控股有限公司

　2007年から５年間連続で売上高ランキングのトップ５にランクされたメガ・ディーラーは中昇集団控股有限公司（以下、中昇グループ）である。中昇グループは17種類以上のフランチャイズ権を持ち、160社以上の「４Ｓ」店（ディーラー）を展開しているメガ・ディーラーである。そのディーラー網は東北、華東、華南の沿岸地域及び雲南省、四川省及び陝西省に分布している。2012年、中昇グループの新車販売台数は18万4000台で、売上高は500億元（6400億円）を超えていた[157]。

　中昇グループの前身は1995年に設立された大連奥通汽車維修装配廠（自動車修理工場）である。1998年、大連奥通汽車維修装配廠はトヨタからフランチャイズ権（輸入車）を獲得し、大連奥通実業有限公司（その後、中昇グループ有限公司へと名称変更）として再出発した。同年、中昇グループは日産（輸入車）のフランチャイズ権を獲得した。そして翌年、中昇グループはアウディ（輸入車）のフランチャイズ権を獲得した。2005年末までに、中昇グループはすでにトヨタ（輸入車から一汽トヨタへ）、日産（輸入車から東風日産へ）、アウディ（輸入車から一汽アウディへ）、レクサス（輸入車）、広州本田といった５種類のフランチャイズ権を獲得し、15社の「４Ｓ」店を展開していた。2007年から、中昇グループは買収という手段を取り、２年の間で７社のディーラー（「４Ｓ」店）を買収した。

157　１人民元＝12.8円という為替レートで計算する。

2008年以降、中昇グループの大規模化が急速に進み始めた。2008年から2012年までの5年間、中昇グループのディーラー数（「4S」店）が30社から160社へと約3.3倍の急増加を見せた。この急成長の実現は主に買収によるものであった（図表5-4）。2012年の160社のディーラー（「4S」店）の内、半分以上（85社）のディーラー（「4S」店）が買収によって獲得されたものであった。

図表5-4　中昇グループのディーラー数の推移

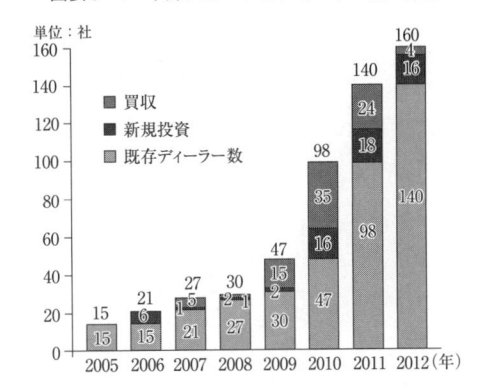

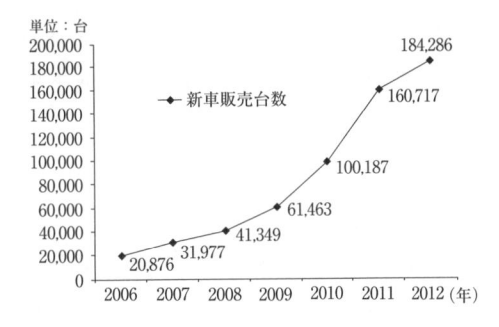

出所：中昇グループの年間業績発表により筆者作成。

2008年以降、ディーラー数の急増と同時に、中昇グループの新車販売台数と売上高も急成長を見せた。図表5-5は中昇グループの新車販売台数の推移を示している。2006年時点で中昇グループの新車販売台数は約2万876台しかなかったが、2012年になると、18万4286台へと約9倍の成長を遂げた。一方、中昇グループの総売上高は2006年の67億4000万元から2012年の500億5000万元まで約8倍の成長を見せた。

図表5-5　中昇グループの新車販売台数の推移

出所：中昇グループの年間業績発表により筆者作成。

ところが、中昇グループは大規模化の最中にいくつかの難問に遭遇した。まず問われたのは経営の方向性の問題である。中昇グループは中高級ブランド車（外資合弁系ブランド車が中心）と高級ブランド車（輸入車が中心）の販売を基本としているが、その組み合わせがその経営の方向性の一端を示している[158]。

図表5-6は中高級ブランド車と高級ブランド車のディーラー数（「4S」店）

158　中高級車ブランドとは販売価格が20万元以上～50万元以下の車種を中心とするブランドである。例えば、トヨタ、ホンダ、日産、ビュイックなど。高級車ブランドとは販売価格が50万元以上の車種を中心とするブランドである。例えば、アウディ、レクサス、ベンツ、ポルシェなど。

図表5-6 中昇グループのブランド別のディーラー数の推移

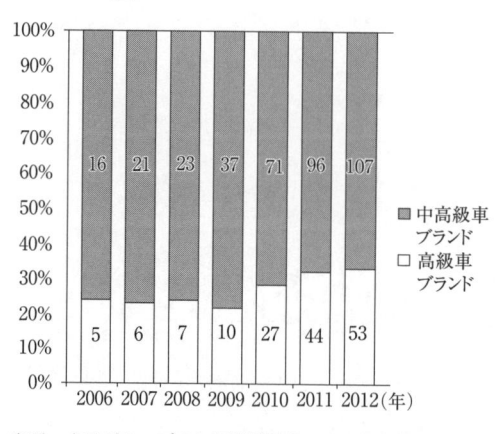

[グラフ：中高級車ブランドと高級車ブランドの棒グラフ
- 2006年：中高級車16、高級車5
- 2007年：中高級車21、高級車6
- 2008年：中高級車23、高級車7
- 2009年：中高級車37、高級車10
- 2010年：中高級車71、高級車27
- 2011年：中高級車96、高級車44
- 2012年：中高級車107、高級車53]

出所：中昇グループの年間業績発表により筆者作成。

の推移を示している。2006年、中昇グループの高級ブランド車のディーラー数は5社（うち：レクサス4社、アウディ1社）であるのに対して、中高級ブランド車のディーラー数は16社（うち：一汽トヨタ12社、東風日産1社、広州本田3社）であった。つまり、2006年、中昇グループの高級ブランド車のディーラー数はディーラー数全体の23.8％であった。その後、高級ブランド車のディーラー数が緩やかに増加してきたが、2009年以降、一気に加速した。2012年、高級ブランド車のディーラー数の割合は33.1％まで増加した。

また、売上高に対する貢献度から見ると、高級車の売上貢献度は2006年の45％から徐々に減少し、2009年になると、31％まで減少した。同じく、その後、増加傾向に転じ、2012年になると、59％まで増加した（図表5-7）。つまり、2006年以降、中高級車の販売を加速した中昇グループは、2009年以降、高級車の販売をより重要視したことが分かる。

図表5-7 中昇グループのブランド別の売上貢献度の推移

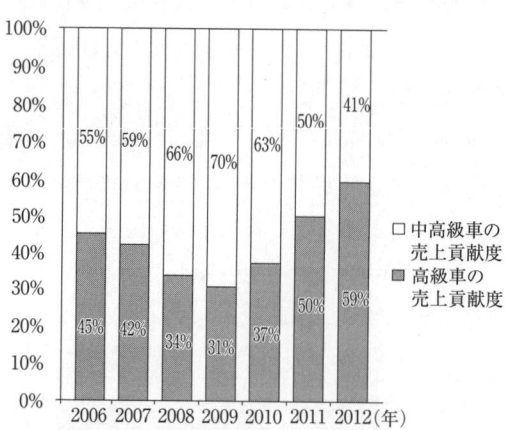

[グラフ：中高級車の売上貢献度と高級車の売上貢献度
- 2006年：中高級車55％、高級車45％
- 2007年：中高級車59％、高級車42％
- 2008年：中高級車66％、高級車34％
- 2009年：中高級車70％、高級車31％
- 2010年：中高級車63％、高級車37％
- 2011年：中高級車50％、高級車50％
- 2012年：中高級車41％、高級車59％]

出所：中昇グループの年間業績発表により筆者作成。

また、経営の方向性を示しているのは事業の多角化方向である。中昇グループの中心事業は新車販売で、新車販売事業は中昇グループの売上の90％以上を創出していた。しかし、「ディーラー・システム」に組み入れられた以上、新車販売事業の拡大には大きな制限

があったため、多角化は必要不可欠となった[159]。2005年以降、中昇グループの新車販売の粗利益率が急速に低下し、2008年に4.7％まで下がった。一方、中昇グループのアフターサービス事業の粗利益率は2006年の33.4％から2012年の47.2％まで上がった。その結果、ディーラー・グループ全体への利益貢献度も大きく変わった。図表5-8のように、2006年、中昇グループの8割ぐらいの利益は新車販売によるものであったが、2012年になると、新車販売によって生み出された利益は全体の半分以下となった。一方、アフターサービス事業による利益の貢献度は2006年の22％から2012年の53％まで上がった。アフターサービス事業が新車販売より安定的かつ高い収益性を持っているため、アフターサービスは非常に重要視されるようになった。実際に、このアフターサービス事業には自動車修理、メンテナンス、部品販売のほか、新車登録、自動車ローン、保険、自動車関連用品の販売、自動車美容養護なども含まれている。

「4S」店においては、自動車部品の販売及び自動車の修理・メンテナンスの価格はすべてメーカーの基準によって決められ、また、そのメーカーの自動車しか修理できないので、アフターサービスの面においてもディーラーの経営範囲が非常に限られている。2009年6月、中昇グループは半分出資で日本のタクティー社と共同で中昇泰克提（合弁会社）を設立し、本格的に快修店を展開し始めた[160]。管理経験と修理技術を「4S」店から快修店へと移転させるために、中昇グ

図表5-8　グループ全体の粗利益への貢献度の推移

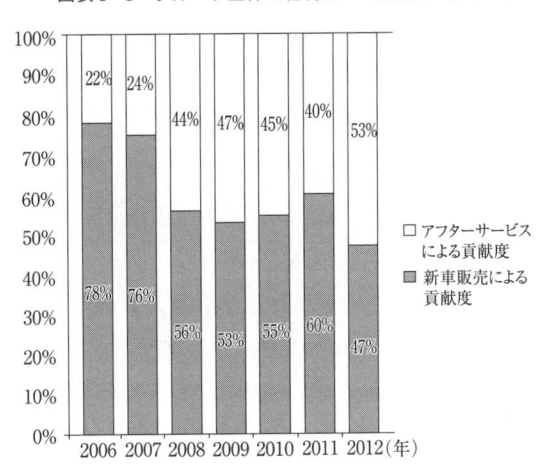

年	アフターサービスによる貢献度	新車販売による貢献度
2006	22%	78%
2007	24%	76%
2008	44%	56%
2009	47%	53%
2010	45%	55%
2011	40%	60%
2012	53%	47%

出所：中昇グループの年間業績発表により筆者作成。

159　中国では、基本的に1ディーラー1店舗であり、ディーラーが別店舗を出すにはメーカーから許可を得なければならない。特に新たな「4S」店を出店するには新たな法人を登録し、メーカーと新たなフランチャイズ契約を結ばなければならない。
160　快修店とは自動車の修理スピードの速さをアピールする自動車修理チェーン店である。修理価格が「4S」店より割安である。

ループは自社の「４Ｓ」店の近くに快修店を設置し始めた。

　さらに、中昇グループはディーラーの管理問題を抱えている。中昇グループによって買収されたディーラーの多くは経営不振の問題を抱えていた。これらのディーラーの経営の建て直しが急務となった。また、中昇グループの160社ディーラーは全国の11省と４直轄市に分布し、管理の困難性がさらに増している。中昇グループはいくつかの優良な店舗を抱えているので、それらの店舗の運営方式を移転することは難しくなかったが、全国に分散している多くのディーラーをグループ全体としてどう管理するのかが問題となった。2008年１月、中昇グループはERP（Enterprise Resource Planning）システムを導入し、グループ全体として集中管理を図った。このシステムを通して、各ディーラー間の情報交換が便利になり、商品管理、修理業務管理、資金管理、人的資源管理、顧客管理、共通費用管理に大きく寄与した。まず、各ディーラーの発注状況がまとめられ、本部での集中仕入れができるようになった。次に、各ディーラーの在庫状況に応じて、資源配分を調整し、自動車の回転率をアップすることができるようになった。さらに、車両の販売、修理状況などの業務情報を統合し、販売予測の精度を上げさせる一方、ディーラー・グループ独自のサービス提供の標準化にも大きく寄与した。

　ここで、中昇グループというメガ・ディーラーと「ディーラー・システム」との関係性を考察する。中昇グループは自己投資や買収を通して成長してきた。中昇グループの傘下の販売店は「４Ｓ」店で、殆どメーカーの「ディーラー・システム」に組み入れられていた。

　まず、車両の卸売価格はメーカーによって一方的に決められ、また、仕入れのボリューム・ディスカウントが基本的に交渉できない（ただし、輸入車の場合を除く）ため、規模の経済性が発揮しにくい。一方、リベート制を組み入れたことで、ディーラー間の競争がリベートの獲得に関心が引かれ、メーカーへの依存度が上昇した[161]。2008年、中昇グループの新車販売の粗利益は４億3500万元であった。その内、メーカーから支給されたリベートは４割弱の１億7120万元であった。次に、中昇グループは異なるフランチャイズを展開しているので、各メーカーの要求に応じて施設、設備などを整えなければならない。しかも、

---

[161] リベートの支給はメーカーごとに違うが、基本的に仕入れ台数、販売目標の達成度、顧客満足度の水準、店舗の運営状況の４つの指数で定められている。

メーカーごとに異なるものが求められたため、重複投資が多くなり、グループ全体としての相乗効果が抑制された。さらに、フランチャイズ契約の期間が1年か2年という短期間で、経営の不安定性をもたらしている[162]。2009年、中昇グループは上海GMと契約し、3つのフランチャイズ権を手に入れた。しかし、上海GMがディーラーの上場に対して反対の姿勢を取ったため、2010年3月、中昇グループが香港で上場した途端に、3つのフランチャイズ権がすべて上海GMに回収された。

　一方、中昇グループがメーカーの「ディーラー・システム」から脱出しようとする一面も見られた。まず、新車販売に関しては、2009年以降、高級車の販売が重視されるようになった。実際に、これらの高級車のブランドは殆ど輸入車ブランドであった。現段階の中国では、輸入車の多くは地域ディストリビューターによって販売されていた。地域ディストリビューターからの仕入れはメーカーからの仕入れと違い、ボリューム・ディスカウントが存在している。そして、輸入車販売の場合、「国産車」と異なり、メーカーに厳しく規制されていなかった。つまり、ある意味で「ディーラー・システム」から脱出しようとした。

　次に、アフターサービスに関しては、中昇グループはアフターサービスの重要性に気づき、「4S」店の経営に満足することなく、快修店などの事業を展開した。快修店は多くのブランド車に迅速的かつ経済的な修理サービスを提供する店舗形態で、「ディーラー・システム」のアフターサービスの限界を突破した。

　さらに、中昇グループはERP情報管理システムを導入することで、各メーカーによるDMS（Dealer Management System）の限界を超えようとした。

　総じていえば、中昇グループの大規模化はまだ「ディーラー・システム」の変容に大きな影響を与えなかったが、「ディーラー・システム」のいくつかの抜け穴を利用し、「ディーラー・システム」の限界性を超えようとしている。

(3)　厐大（庞大）汽貿集団株式会社

　2012年の売上高ランキングにおいて第3位を獲得したのは厐大汽貿集団株式

---

[162]　契約の更新に当たっては、通常、メーカーに定められた投資規模、人員配置数、技術レベル、サービスレベル、独占制限などの制限をクリアしなければならない。

会社（以下、厖大グループ）である。厖大グループは中国で最も多くのフランチャイズ権を持つメガ・ディーラーである。2011年6月時点で、厖大グループは89種類以上（うち：乗用車50種類以上）のフランチャイズ権を持ち、1429以上の拠点（うち：「4S」店754社）を有している。その販売網が主に華北地区を中心として展開されてきたが、2012年時点で、中国の28の省（自治区、直轄市を含む）及びモンゴル（外国）に分布している。2012年、厖大グループの新車販売台数は45万3000台で、総売上高578億元（7398億円）を超えていた[163]。

厖大グループの前身は2003年に設立された唐山市冀東機電設備有限公司（以下、冀東機電）である[164]。2004年、冀東機電は日本の富士重工と契約し、スバルの「北方八省」の地域総代理権を手に入れた[165]。2005年から、同一資本下の事業の再構築によって、冀東機電は親会社である冀東物貿集団有限責任公司から自動車関連事業に携わる子会社を続々と取り入れた[166]。2005年に16社、2006年に5社、2007年に71社、2008年に2社と、4年間で94社が取り入れられた。一方、冀東機電は他社の買収行動をも取っていた。2005年に1社、2006年に3社、2007年に10社、2008年に6社、2009年に7社、2010年に12社と、6年間で39社を買収した[167]。

2007年12月、株式制度の改革によって、冀東機電の社名が変更され、厖大グループとして正式に設立された[168]。2008年以降、厖大グループの拠点数は急増した。図表5-9で示しているように、厖大グループの拠点数は2008年の390社から2012年の1429社へと急激に増加した。その中でも、特に「4S」店の増加のスピードは速かった。2008年、厖大グループは162社の「4S」店しか有していなかったが、2012年になると、その数は754社まで増加し、約4.7倍の成長を見せた。2012年以降、厖大グループは自社の販売拠点を整理し始めたが、「4S」店の数は依然として増加する傾向にある。厖大グループのディーラー数の増加は主に自己投資によって実現された。そして、上場の2011年までに、

---

163 1人民元＝12.8円という為替レートで換算する。
164 その元の親会社である冀東物貿集団有限責任公司は1988年に設立された灤県物資局機電設備公司に遡ることができる。灤県物資局機電設備公司は自動車などの計画分配に努めた政府系流通企業である。2002年、民営化政策によって冀東物貿集団有限責任公司が設立された。
165 「北方八省」とは北京市、天津市、河北省、山東省、遼寧省、河南省、山西省、陝西省のことである。
166 その一方、自動車と関連のない事業を親会社である冀東物貿集団有限責任公司に移した。
167 厖大グループの「首次公開発行株式募集説明書」からの統計。
168 同時に、親会社は関連会社となった。

第Ⅴ章 ディーラーの視点から見る「ディーラー・システム」の変容

図表5-9 厖大グループの拠点数の推移

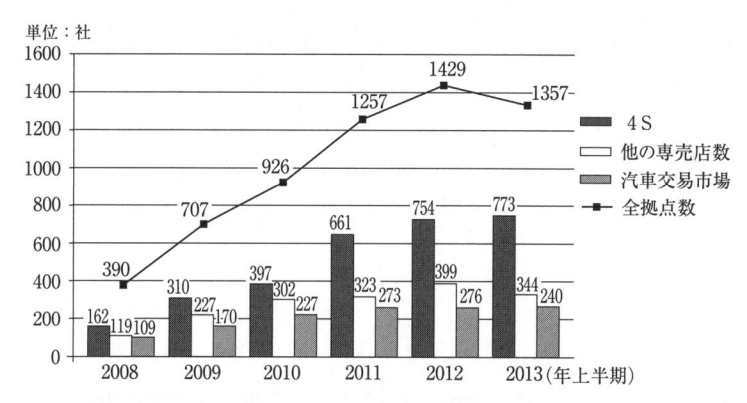

注：ここでの汽車交易市場は商用車を中心とする販売形態を指す。
出所：厖大グループの各年度の報告書及び「首次公開発行株式募集説明書」により筆者作成。

厖大グループの80％のディーラーは自己所有の土地を持っていた[169]。

自動車の販売台数においては、2006年以降の5年間、厖大グループの右に出るものはいなかった。図表5-10のように、2007年、厖大グループの販売台数は18万8000台で、中国自動車市場全体の2％のシェアを獲得した。2010年、厖大グループは約47万台の販売台数で、中国全体の2.6％のシェアを獲得するようになった。

ところが、2010年に入ると、厖大グループは多くの問題を露出し、新車販売台数が減り始めた。厖大グループの問題点を分析する前に、厖大グループの経営方式とディーラー管理方式を考察する。厖大グループは乗用

図表5-10 厖大グループの新車販売台数と市場シェアの推移

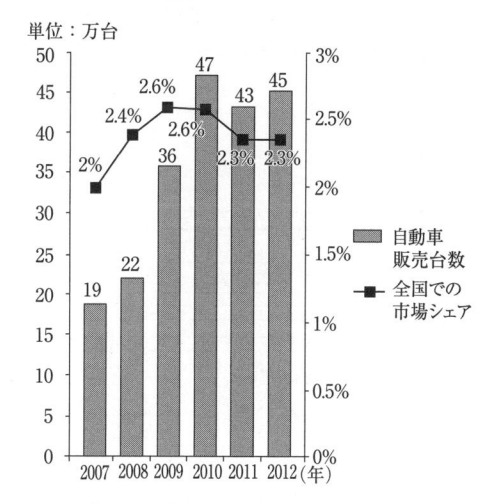

注：販売台数は略数である。
出所：各種の資料により筆者作成。

---

169 「厖大汽貿困局」『毎日経済新聞』、2013年2月1日付け。

図表5-11　厖大グループの売上高の構成
（2010年12月）

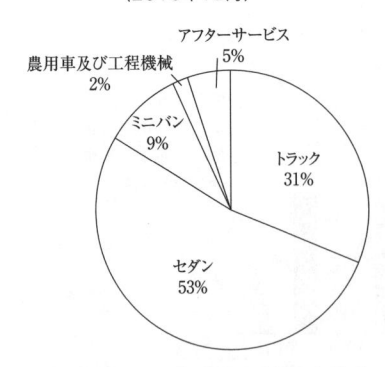

農用車及び工程機械 2%
アフターサービス 5%
ミニバン 9%
トラック 31%
セダン 53%

出所：厖大グループの「首次公開発行株式募集説明書」により筆者作成。

車だけでなく、商用車の販売事業をも展開している。図表5-11のように、厖大グループの乗用車部門（セダンとミニバンを含む）の売上高は全体の62%を占めていた。一方、商用車（トラック及びその他を含む）の売上高は全体の38%を占めていた。

販売に関しては厖大グループが乗用車と商用車（トラック中心）においては違う管理体制を取っている。図表5-12で示しているように、乗用車の販売管理においては「ブランド大区」制が取られた。2005年、厖大グループはブランド別で31の「ブランド大区」を設置した。それぞれの「ブランド大区」には同じブランドの「4S」店3店舗以上が入って、各ブランド大区経理によって管理されている。また、各ブランド大区経理は本

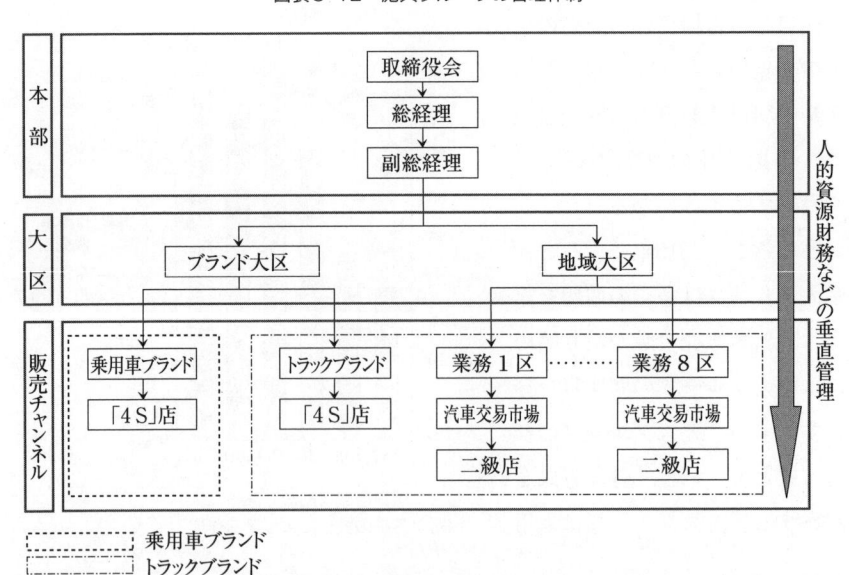

図表5-12　厖大グループの管理体制

本部：取締役会／総経理／副総経理
大区：ブランド大区／地域大区
販売チャンネル：乗用車ブランド「4S」店／トラックブランド「4S」店／業務1区→汽車交易市場→二級店／業務8区→汽車交易市場→二級店

人的資源財務などの垂直管理

------- 乗用車ブランド
------- トラックブランド

出所：厖大グループの「首次公開発行株式募集説明書」により一部修正。

部の各副総経理によって管理される。勿論、各副総経理は総経理の指示に従わなければならない。仕入れを行う時、まず、各大区経理は管轄している「４Ｓ」店の発注数をまとめて、各副総経理に提出する。次に、各副総経理は同じブランド車の発注数を全部まとめ、そして調整を行ってから、メーカーと交渉する。交渉の結果が決まったら、本部が一同に仕入れ金を各「４Ｓ」店に回し、各「４Ｓ」店がメーカーに仕入れ金を支払い、各自で自動車を受け取る。

一方、乗用車の販売に関しては、厖大グループはスバルの地域総ディストリビューターとしての一面があるため、スバルの場合、ほかの乗用車とは違う方法が取られている[170]。スバルの仕入れは富士重工による最低注文台数の制限があるが、注文台数の多少によって卸売り価格が異なる。スバルの販売に関しては、厖大グループは殆ど直営店を展開している。2010年12月時点、厖大グループの117店のスバル販売店の中、直営店が104店で全体の88.8％を占めていた。

また、トラックの販売においては、厖大グループは「地域大区」制を基本に、「ブランド大区」制を組み入れた。図表５-13のように、厖大グループのディーラーの分布は非常に不均衡である。河北省でのディーラー数は一番多く、全体の49％を占めていた。その次に高い順から内モンゴル自治区11％、山西省７％、北京市７％、遼寧省６％、山東省５％となっている。「地域大区」は汽車交易市場などを地域別に管理するが、その地域は中国の行政区分を利用するわけではなかった。例えば、河北省は３つの大区に分けられて管理されていた。「地域大区」は主に販売管理機能を持つのに対して、「ブランド大区」は仕入れと業務指導の機能しか持

図５-13　厖大グループのディーラーの分布（2010年12月）

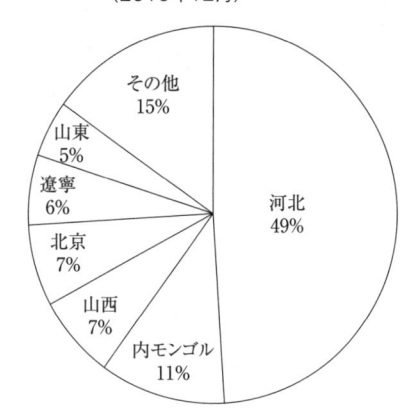

地域	割合
河北	49%
内モンゴル	11%
山西	7%
北京	7%
遼寧	6%
山東	5%
その他	15%

出所：厖大グループの「首次公開発行株式募集説明書」によって筆者作成。

170　中国では富士重工の地域総ディストリビューターは３つあった。それは華北地域の総代理権を持つ厖大グループ、華東地域の総代理権を持つ上海安吉スバル販売会社及び華南地域の総代理権を持つ東莞意美汽車有限公司という３社であった。その内、厖大グループが最大の地域総ディストリビューターであった。

っていなかった。2010年12月時点で、厖大グループには13の「地域大区」と10の「ブランド大区」が存在していた。乗用車の場合と同様に、いずれの大区経理は本部の各副総経理によって管理される。

　以上のように、厖大グループは業務管理の機能を本部に集中させようとした。しかし、それだけではなく、従業員の採用に関しても集中管理が行われた。「スバル大区」と「一汽大区」を除けば、全従業員の採用、昇進、異動、解雇などのすべてが本部の人事部で行われる。一方、「スバル大区」と「一汽大区」においては、従業員の採用に際しては本部の方針に沿う必要があり、しかも事前に本部に知らせなければならない。財務管理に関しても、徹底的な集中管理が行われた。厖大グループ傘下の各社の財務管理者は全員本部からの派遣であり、そして財務管理者は２年ごとの定期異動が要求されている。

　厖大グループの営業利益は2010年の16億8000万元から2011年の9億2000万元へと急減し、そして2012年になると、－5億7000万元が記録された。このような結果となったのは厖大グループが多くの問題点を抱えているからこそである。ここで厖大グループの問題点及びその発生要因を分析する。

　まず、厖大グループには店舗管理の問題が存在する。厖大グループは本部での集中管理を行うため、すべての従業員を本部から調達しなければならない。通常、各店舗が求人情報を本部に送り、そういう求人情報を受けた本部は人材募集をかけ、トレーニングを行ってから、その店舗に人材を派遣する。ディーラー数が急激に増加した厖大グループにとってこの往復は時間がかかりすぎるところがある。つまり、厖大グループの成長があまりに速かったので管理能力が追いつかないことだと考えられる。

　次に、厖大グループには経営資源の分散化の問題がある。厖大グループは乗用車だけでなく、商用車の販売にも力を入れていた。しかし、乗用車の販売と商用車の販売とは大きな相違があるので、厖大グループは複雑な組織管理法を取った。また、厖大グループはディーラーとディストリビューターの機能を持ち合わせているので、その組織構造がさらに複雑化した。複雑な組織構造のもとで各部門間（各大区間）の調整コストが非常に高いといえる。

　また、厖大グループは在庫過剰という大きな問題を抱えている。2010年、厖大グループの在庫額は6億2000万元であったが、2012年になると11億4000万元まで膨らんだ。これは主に中国自動車市場の拡大の減速によるものではあるが、

第Ⅴ章　ディーラーの視点から見る「ディーラー・システム」の変容

メーカーの押し売り政策による影響も考えられる[171]。

さらに、厖大グループにはメーカーへの依存問題が存在する。図表5-14のように、厖大グループの乗用車部門においては、最も重要な役割を果たしているのはスバル車の販売である。2010年、スバル車による販売額は乗用車全体の28％であった。その次は一汽VW（12％）、北京現代（5％）、東風悦達起亜（5％）、トヨタ（5％）、広州本田（4％）であった。つまり、厖大グループが最も依存しているのは富士重工であった。その次は一汽VWであった。

一方、メーカーから厖大グループへの依存度を見ると、図表5-15のように、富士重工以外のメーカーはそれほど厖大グループに依存していなかったことが分かる[172]。中国国産車ブランドの中で一番厖大グループに依存している奇瑞汽車の場合でさえも4.3％を超えていなかった。一方、中国では富士重工（スバル）の全国販売台数の60％は厖大グループによって販売されていたので、富士重工が厖大グループに大きく依存していることがいえる。これは厖大グループが富士重工（中国）有限公司（以下、富士重工〔中国〕）に出資できた最大要因

図表5-14　厖大グループの乗用車の売上高の構成（2010年12月）

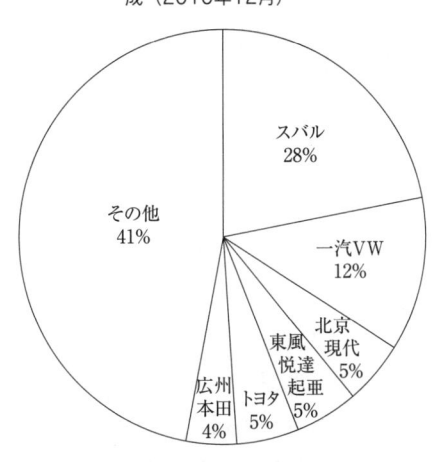

- スバル 28%
- 一汽VW 12%
- 北京現代 5%
- 東風悦達起亜 5%
- トヨタ 5%
- 広州本田 4%
- その他 41%

出所：厖大グループの「首次公開発行株式募集説明書」によって筆者作成。

図表5-15　メーカーにとっての重要度（厖大グループへの依存度）

トップ5	中国全土でのシェア
富士重工	60%
奇　　瑞	4.28%
一汽汽車	3.21%
上海汽車	3.13%
北京汽車	2.92%

注：ここの重要度は当メーカー（ブランド）の全乗用車販売台数の中で厖大グループがどのぐらいのシェアを占めているのかを表している。
出所：厖大グループの「首次公開発行株式募集説明書」によって一部修正。

171　中国汽車流通協会によると、2011年以降、ディーラーの自動車平均在庫数が急増し、2012年の在庫指数（当月の在庫台数／当月の販売台数）は1.5を超えていた。
172　一汽汽車、上海汽車、北京汽車の場合、殆ど2社以上の合弁会社が存在していることを考えると、メーカーからの依存度がさらに低くなる。

だと考えられる[173]。ところが、日中関係の悪化によって、一時期スバルの販売が急速に落ち込んで、厖大グループが大きな打撃を受けていた。つまり、厖大グループには1つのメーカーに頼りすぎるという問題が存在する。

また、リベートの推移から見てもメーカーへの依存度が高くなっていることが分かる。厖大グループの場合、2008年、メーカーからもらったリベートが6億5000万元、全粗利益の25.77％であったが、2010年になると、そのリベートは21億6000万元まで増加し、全粗利益の37.21％を占めるようになった。

このほか、厖大グループは北京政府による自動車購買制限（2010年以降）、銀行による貸金の金利の上昇（2011年以降）、スウェーデンメーカーSaab社への買収の失敗（2011年）などからの直接的な影響もあった。2011年、厖大グループは4500万ユーロの前払い金を支払い、青年汽車と共同でSaab社を買収しようとしたが、技術供給側の米GM社の反対で失敗した。その結果、前払い金の回収が困難となった。

ここで、厖大グループというメガ・ディーラーと「ディーラー・システム」との関係を考察する。新車販売の面においては、厖大グループは乗用車を販売するだけでなく、商用車をも販売してきた。商用車の場合、テリトリー制と専売制が求められなかったため、殆ど「ディーラー・システム」に組み入れなかったといえる。一方、乗用車の場合、輸入車のスバルが多くの部分を占めているので、「ディーラー・システム」に組み入れられる部分が比較的に少ないといえる[174]。しかし、前に分析したように、国産車の場合、メーカーからディーラーへの依存度よりディーラーからメーカーへの依存度のほうが高いことは変わらなかった。厖大グループが商用車の販売に取り組んだのはその多くの子会社が古くからその販売（流通）に携わってきたからである。つまり、意図的に「ディーラー・システム」から脱出しようとする行動ではなかった。

しかし、富士重工（中国）への出資、Saab社への買収行動は間違いなく「デ

---

173 2011年、富士重工はスバルの中国産化を狙い、奇瑞汽車との合弁会社を設立しようとしたが、政府から許可が下りなかったことで破談した。その後、富士重工は総代理権を回収しようとしたが、うまく行かなかった。2013年7月から、富士重工（中国）有限公司は独資会社から富士重工60％、厖大グループ40％の合弁会社へと生まれ変った。同時にこの会社はスバルの中国での総ディストリビューターとなった。
174 2010年、スバル事業による売上は全社の総売上高の15.7％を占めていた。一方、その粗利益は全事業の27.5％を占めていた。

ィーラー・システム」を打破しようとする動きである[175]。殆どの輸入車メーカーは事業の成長につれて、プライベート・ディストリビューターを自社の子会社に代替させようとする傾向がある。そして、この場合、通常、そのディストリビューターがディーラーとなり、そのメーカーの「ディーラー・システム」に組み入れられることになるので、富士重工（中国）への出資は「ディーラー・システム」を打破しようとする行動だといえる。富士重工（中国）に出資することでディストリビューター権が回収される心配はなくなり、メーカーの「ディーラー・システム」に入らずに済むのである。このほか、厖大グループはメーカーに対する交渉力をアップさせるため、2012年、韓国双竜汽車のもう1つの地域ディストリビューターを買収し、中国全域の双竜汽車の総代理権を持つようになり、双竜汽車との合弁会社の設立を狙った[176]。

また、2010年から厖大グループはアフターサービスの面に力を入れ始めた。その後、厖大グループは「ブランドイメージの統一、サービスプロセスの標準化、サービス価格の統一」などのスローガンを掲げ、「サービスの家」という独自のサービス・ブランドを立ち上げた。図表5-16のように、厖大グループのアフターサービスによる貢献度は2010年の24％から2011年の35％、そして2012年の51％へと急上昇した。

以上のほか、2011年、厖大グループは2億元で巴博斯国際控股（香港）有限公司を買収することでメルセデスベンツの改装車ブランドであるBRABUSの20年間の総代理権（中国全域）を得て、改装車事業に乗り出し

図表5-16　厖大グループの事業別の粗利益の貢献度

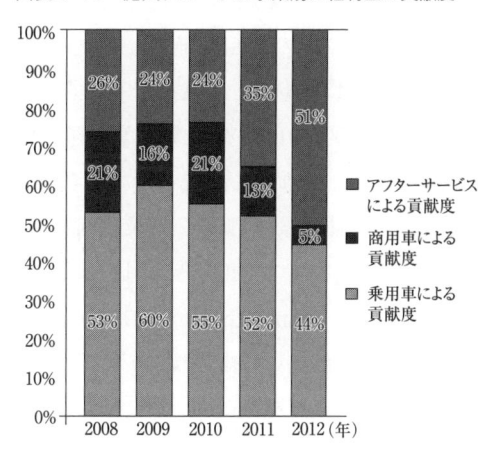

年	乗用車による貢献度	商用車による貢献度	アフターサービスによる貢献度
2008	53%	21%	26%
2009	60%	16%	24%
2010	55%	21%	24%
2011	52%	13%	35%
2012	44%	5%	51%

出所：厖大グループの各年度の報告書及び「首次公開発行株式募集説明書」により筆者作成。

175　富士重工（中国）有限公司は富士重工の中国現地法人である。
176　「双龙与庞大有望成立合资公司谈判进行中」『網通社』（2013年10月20日）により、2011年、厖大グループは韓国双竜汽車と契約し、中国北方地域の総代理権を手に入れた。2012年、厖大グループは南方地域の総代理権を持つ中汽南方を買収した。

た。現在、厖大グループと巴博斯社との合弁工場（天津）が建設中である[177]。

以上のように、富士重工を除く、厖大グループが各メーカーへの依存度が依然として高い一方、厖大グループはメーカーへの出資と買収を通して、「ディーラー・システム」の束縛から脱出しようとした。また、厖大グループはサービスの差別化にも力を入れている。結果から見ると、厖大グループは一定の成果を収めたといえるが、Saabへの買収の失敗、出資対象が限定されていることなどからそれなりの限界性があると考えられる[178]。これからも見守っていく必要がある[179]。

(4) 広汇汽車服務株式会社

2011年から2年連続で売上高ランキングの第1位を獲得したのは広汇汽車服務株式会社（以下、広汇汽車）である。2012年、広汇汽車は新車販売台数48万4000台（Top）、総売上高726億2000万元（9295億円）(Top)で名実とも中国最大のメガ・ディーラーとなった[180]。広汇汽車は乗用車販売を中心に40種類以上のフランチャイズ権を持ち、500社以上の「4S」店（ディーラー）を展開している。その販売網は主に西北地域を中心として展開されてきたが、2012年6月時点で、中国の21以上の省（自治区、直轄市を含む）に分布している。

広汇汽車は新疆広汇実業投資有限公司（以下、広汇実業）の子会社である。2001年、広汇実業は国有企業改革を通して、新疆機電設備有限公司（以下、新疆機電）を取り入れることで初めて自動車販売業に参入した。2006年6月、新疆機電と広西機電設備有限公司及び河南裕華汽車グループと統合・合併し、広汇汽車が設立された。2007年1月、広汇汽車は世界最大の個人投資ファンド会社（米）Texas Pacific Group (TPG)から資金を調達し、買収のスピードを加速させた[181]。広汇汽車は当該地域で最も影響力を持つディーラー・グループである安徽風の星汽車有限公司（2007年）、重慶中汽西南有限公司（2008年）、甘粛賽

177　北青網「庞大巴博斯将建30家店」。
　　http://bjyouth.ynet.com/3.1/1205/09/7070535.html、2013年5月9日。
178　厖大グループは富士重工と双竜汽車の中国現地法人に出資することになったが、いずれも輸入車の販売だけであり、またその株が回収される可能性も残っている。
179　同様にメルセデスベンツ（中国）有限公司の株主となった利星行グループ（メガ・ディーラー）は2012年8月にその持ち株が49％から25％へと下げられた。その結果、利星行グループはベンツのディストリビューターとしての機能を失いつつあった。
180　1人民元＝12.8円という為替相場で計算する。
181　当時、持ち株の構成は広汇汽車47.12％、TPG42％、他の株主10.88％であった。

弛投資管理有限公司（2009年）、山東翔宇汽車ホールディングス（2010年）、貴州乾通集団投資有限公司（2010年）を続々と買収した。そして、2011年「南方市場」の7店舗（ディーラー）に加えて、2012年山東鴻発汽車グループと四川申蓉汽車公司の91店舗（ディーラー）の買収で広汇汽車は一気に中国最大規模なメガ・ディーラーとなった[182]。

図表5-17 広汇汽車のディーラー数（「4S」店）の推移

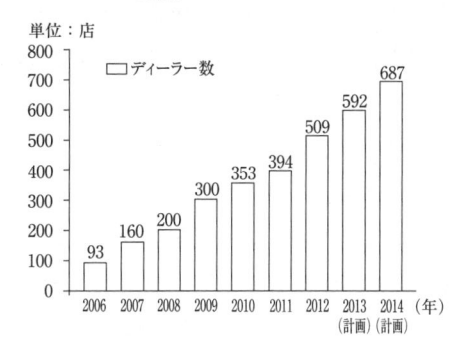

単位：店

年	ディーラー数
2006	93
2007	160
2008	200
2009	300
2010	353
2011	394
2012	509
2013（計画）	592
2014（計画）	687

出所：各種資料によって筆者作成。

図表5-17のように、正式に設立されて以来、広汇汽車は急速に成長してきた。2008年に200店（社）、2009年に300店（社）、2011年394店（社）、そして2012年になると、広汇汽車のディーラー数は500店（社）を突破した。

ディーラー数の急増とともに、広汇汽車の新車販売台数も急増した。図表5-18で示しているように、2007年広汇汽車の新車販売台数はすでに10万7000台を超えた。そして、2008年から2012年までの4年間、広汇汽車の新車販売台数は11万2400台から48万4064台へと、年平均9万2916台の増加ペースを実現した。一方、広汇汽車の総売上高は2008年の145億元から2012年の726億元へと約5倍の成長を実現した。

広汇汽車が急速に成長できたのはその優れた資金の調達能力だけではなかった。その戦略的な買収方針と先進的な経営管理方式も大きな役割を果たした。

買収方針に関しては、まずその①、広汇汽車は優秀な業績を積み上げてきたディーラー・グループを中心に買収を行った。例えば、2008年に買収され

図表5-18 広汇汽車の新車販売台数の推移

単位：台

年	新車販売台数
2007	107,200
2008	112,400
2009	197,800
2010	297,900
2011	375,300
2012	484,064

出所：広汇汽車の私募意向書（2009）及び票据募集説明書（2011-2012）により筆者作成。

---

[182] 「南方市場」とは汽車交易市場の名称である。四川申蓉汽車公司の買収額は14億元（179億円）まで上ったといわれている。

た重慶中汽西南有限公司は年間売上高38億元以上、新車販売台数2万2000台以上の重慶市の最大のディーラー・グループである。また、2012年に買収された四川申蓉汽車は1994年にすでに創業され、2010年に総売上高47億元で売上高ランキングの第37位にランクされたメガ・ディーラーである。その②、広汇汽車は新疆省、広西省、河南省を拠点に、重慶市、甘粛省、安徽省、四川省、貴州省などの西部地域を中心に店舗を展開していた。これらの地域は高い成長性が見込める一方で、競争相手が少ない地域でもあった。2011年、広汇汽車は新疆省39.6％、広西省33.21％、重慶市25.75％、甘粛省16.71％、青海省12.43％、貴州省10.29％、寧夏省10.18％と、それぞれの省において高い市場シェアを獲得していた。

経営管理方式に関しては、まず広汇汽車は買収したディーラー・グループの経営チームを殆どそのまま残した。その結果、人材不足及び店舗経営経験の不足などの問題が軽減された。一方、広汇汽車は経営不振の店舗に対して、経営指導や人員派遣などを通して、店舗の建て直しに力を入れた。

そして、広汇汽車は自社が開発したKPI（Key Performance Indicator）業務システムをすべての店舗（ディーラー）に導入した。KPI業務システムは各店舗の新車販売台数や売上、自動車修理台数、保険の契約数、目標達成率などの80項目以上のキー情報を随時に反映するシステムである。このシステムを利用することで広汇汽車は各店舗の問題を迅速に把握することができた。さらに、広汇汽車はグループ全体の経営においては地域別管理制度を採用した。具体的に、本部は主に買収戦略を含めた全社戦略の策定、財務の統一管理、人的資源の管理、業績評価基準の設定などの業務を行う一方、13社の地域統括会社は本部が設定した戦略を実施し、ディーラーの実際の買収と管理を行う（図表5-19）。また、各「4S」店は店舗業務に専念し、本部及び地域統括会社の目標の達成に務める。

図表5-19　広汇汽車の3段階経営管理方式
（2012年6月時点）

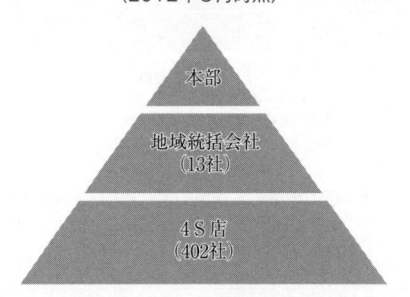

本部
地域統括会社
（13社）
4S店
（402社）

出所：広汇汽車「2013年度第二期中期票据募集説明書」により筆者作成。

一方、広汇汽車は多くの難問に直面した。まず、広汇汽車にもメーカーへの依存問題が存在する。新車販売業務

に関しては、広汇汽車は「4S」店を通して中高級ブランド（外資合弁系）の乗用車を中心に販売してきた。2010年、中高級乗用車による販売額は全社の新車販売額の90％を占めていた。2011年になると、その割合が95％へとさらに高まった。その中に、特に上海GM（ビュイック、シボレー）、上海VW、北京現代、一汽VW、東風日産、一汽トヨタといった6つのブランドが特に割合が高かった。図表5-20は広汇汽車が仕入先トップ5社にどの程度依存していたのかを示している。2008年から2011年までの4年間、上海GMからの仕入額は連続で一番大きくて、平均して全体の18.67％を占めている。2番目となったのは一汽VWであり、平均して全体の12.84％を占めている。一方、仕入先トップ5からの仕入額を合計して見ると、一番低い年でも仕入総額の57％以上を占めている[183]。つまり、広汇汽車の場合、約6割の仕入れはその取引トップ5社に依存している。

次に、広汇汽車は事業をどのように多角化するかの問題を抱えている。2006年から2012年の6月にかけて、広汇汽車の新車販売の粗利益は5.3％から3.8％まで下がった。店舗の経営を維持するにはアフターサービスが一層重要となった。図表5-21のように、2008年広汇汽車の約63％の利益は新車販売によるものであったが、2012年になると、新車販売によって生み出された利益は全体の43.5％となった。一方、2012年時点でアフターサービスによる貢献度は50％以上となった[184]。また、広汇汽車はアフター・サービスを差別化するために、2011年2月に自動車賃貸業務を開始した。このサービス業務は高粗利率（2012

図表5-20　仕入先トップ5への依存度

	上海GM	北京現代	上海VW	一汽VW	東風日産	一汽トヨタ	合計
2008年	17.05%	7.82%	12.28%	13.36%	6.82%	—	57.33%
2009年	19.91%	10.52%	9.67%	12.41%	—	7.63%	60.14%
2010年	19.21%	12.86%	9.61%	13.01%	—	6.89%	61.58%
2011年	18.52%	11.07%	8.91%	12.56%	7.94%	—	59%
平　均	18.67%	10.57%	10.12%	12.84%	—	—	—

注　：この依存度は当メーカーからの仕入れ金額／仕入れの総額で算出する。
出所：広汇汽車「2013年度第二期中期票据募集説明書」により筆者作成。

---

[183] 仕入先トップ5への依存度から見ると、庞大グループのほうが低く、2012年その依存度は35.03％を超えていなかった。
[184] 2012年、広汇汽車のデータベースに存在している顧客数はすでに160万人を超えていた。

図表5-21 広汇汽車の全体への粗利益の貢献度

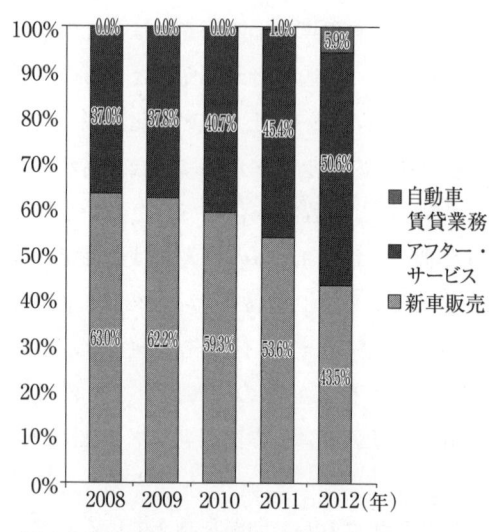

年	新車販売	アフター・サービス	自動車賃貸業務
2008	63.0%	37.0%	0.0%
2009	62.2%	37.8%	0.0%
2010	59.3%	40.7%	0.0%
2011	53.6%	45.4%	1.0%
2012	43.5%	50.6%	5.9%

出所：広汇汽車票据募集説明書（2011-2012）により筆者作成。

年6月時点83.24％）で、全社への貢献度が急速に上がった。2012年、広汇汽車の自動車賃貸業務はすでに5.9％の貢献度を達成した[185]。また、2012年8月から広汇汽車は中古車業務を展開し始め、2013年に「広汇認証中古車」という中古車ブランドを築き始め、本格的に中古車業務に取り組んでいた。広汇汽車によって認証された中古車は中国全土で1年／2万km、あるいは、半年／1万kmの無料保証サービスがついている。

さらに、店舗経営形態に関しては、前に述べたように、広汇汽車は殆ど「4S」店を中心に展開してきた。しかし、2011年以降、広汇汽車は二級店を展開し始めた。2011年末においては、広汇汽車は「4S」店のほかに、89店の拠点を持つようになった。そして、2012年6月時点で「4S」店以外の拠点数がすでに200店を超えた。また、2012年から広汇汽車はウルムチ、貴州の両地に汽車城（汽車有形市場）を建設し始めた。貴州の汽車城の投資額は5億元以上であったが、ウルムチ汽車城の投資額は23億5000万元を超えていた。

このほか、広汇汽車に買収されたディーラー・グループの多くが現地においてはすでに一定の知名度を獲得していたため、広汇汽車はその企業名、あるいはブランド名をそのまま残した。一方、広汇汽車は新車の仕入れを各店舗に任せ、一括仕入れを行わなかった。つまり、広汇汽車には企業ブランド及び仕入れ業務の統一化の問題が存在している。広汇汽車が車の関連用品などを一括で

---

[185] 広汇汽車の自動車賃貸業務には「経営性長期賃貸」と「融資性長期賃貸」がある。「経営性長期賃貸」とは所有権の移転が発生しない賃貸のことで、通常、期間は2～4年間である。一方、「融資性長期賃貸」とは賃貸期間において所有権が移転しないが、賃貸契約の終了時点で所有権が発生するタイプである。このタイプは自動車ローン方式と非常に似ている。通常、期間は3年間である。

仕入れるが、新車の集中仕入れを行わなかったのは新車の仕入れにはボリューム・ディスカウントが存在しなかったためであるが、メーカーへの配慮もその一要因だと考えられる。

　ここで、広匯汽車というメガ・ディーラーと「ディーラー・システム」との関係を考察する。広匯汽車は大規模なディーラー・グループの買収を中心に成長してきた。その傘下の大部分の販売店は「４Ｓ」店である。つまり、メーカーの「ディーラー・システム」に組み入れられて、メーカーに大きく依存している。メーカー別で見ると、上海GM、上海VW、北京現代、一汽VW、東風日産、一汽トヨタへの依存度が一番高かった。前に述べたように、広匯汽車の約６割の仕入れはその取引トップ５社によるものであった。そして、平均で見ると、広匯汽車は仕入先トップ５の各メーカーに対する依存度が10％以上であった。一方、各メーカーの広匯汽車への依存度は平均で６％を超えていなかった。図表５-22のように、2008年から2012年６月まで４年半の間、広匯汽車に一番依存していた北京現代でさえもその依存度が平均して６％を上回らなかった。

　一方、広匯汽車はメーカーの「ディーラー・システム」から脱出しようとする一面も見られる。まず、広匯汽車は2011年に二級店、2012年に汽車城をそれぞれ展開し始めた。二級店にはディーラーの分店とディーラーの代理店といった２種類があるが、いずれも「４Ｓ」店ほどの厳しい規制はなかった。ディーラーの代理店の場合、完全に「ディーラー・システム」から脱出したといえるが、ディーラーの分店の場合、メーカーからの許可が必要で、メーカーの基本ルールを守れなければならないが、当ディーラーのテリトリー内という条件を

図表5-22　メーカーにとっての重要度（広匯汽車への依存度）

	上海GM	北京現代	上海VW	一汽VW	東風日産
2008年	4.28%	4.02%	3.32%	2.06%	2.32%
2009年	5.16%	5.05%	3.07%	2.44%	2.06%
2010年	5.51%	7.55%	3.22%	2.81%	2.81%
2011年	5.91%	7.71%	3.68%	2.91%	4.24%
2012年上半期	5.65%	5.65%	3.83%	3.12%	4.87%
平　均	5.30%	6.00%	3.42%	2.67%	3.26%

注　：ここの重要度は当メーカー（ブランド）の乗用車販売台数の中で広匯汽車がどのぐらいのシェアを占めているのかを表している。
出所：広匯汽車票拠募集説明書（2011-2012）により筆者作成。

クリアすれば、拠点の設置が比較的に自由である。しかも、店舗に関する各種の規制が少ないため、個性のある店舗作りができる。一方、汽車城においては、多くのディーラーが1ヵ所に集中するため、比較購買が不可能という「ディーラー・システム」の限界性を超えた。次に、2012年8月から広汇汽車は中古車業務を展開し始めた。中古車の販売は基本的に「ディーラー・システム」の外に存在しているため、この領域の拡大につれて「ディーラー・システム」によるリスクが軽減されることになる。さらに、現段階までは、広汇汽車はメーカーとの良い関係作りこそが成長の鍵だとアピールして、店舗経営の効率化を進めてきた。これから店舗レベルの効率化が限界まで高められると、ディーラー・グループ全体としての相乗効果及び収益性の向上が必ず求められるのであろう。その時、「ディーラー・システム」が大きく変容することはいうまでもない。

　以上のように、メガ・ディーラーはまだメーカーに大きく依存しているが、その「ディーラー・システム」から脱出しようとする一面も見られた。その主な手段として取られたのは事業の中心を輸入車販売に傾けること、中古車販売や快修店などの新たな事業の展開、新たな情報システムの導入である。一方、メーカーを買収しようとするメガ・ディーラー（厖大）も存在していた。しかし、現段階では大きな成果を収めたメガ・ディーラーはまだ現れていない。

第 Ⅵ 章
中国の汽車交易市場の発展と「ディーラー・システム」の変容

　1990年代後半、汽車交易市場が中国各地で出現し、中国の自動車流通に大きな影響を与えた。2000年前後、中国全土ではいくつか大規模な汽車交易市場が出現し、大きく注目されるようになった。ところが、2000年代後半、汽車交易市場は「４Ｓ」店を取り込むことで変容し始めた。この章においては、主に実態調査を通して、汽車交易市場の変容プロセスを検討したうえで「ディーラー・システム」変容の方向性を提示する。

第１節　汽車交易市場の定義と発展プロセス

　「汽車交易市場」に関する明確な定義はまだされていないが、簡潔にいうと、「汽車交易市場」は自動車の「自由市場」であり、多数の自動車販売業者及び自動車関連販売業者などが１ヵ所に集まって形成した自動車販売を中心とする商業集積である。中国では「〇〇汽車交易市場」以外に、「〇〇汽車城」「〇〇汽車公園」「〇〇汽車広場」などの名称も使われているが、ほぼ同じ意味である。また、中国自動車流通業界では「有形市場」、あるいは「大売場」という用語で使われる場合も多い。

　汽車交易市場（以下、汽車市場）は汽車大道（オート・アリ）と違い、ディベロッパーによって組織されるのが特徴的である。このほか、テナント数の多さもその特徴であった。2003年、売上高が１億元以上の汽車市場の平均テナント数は92.8店舗であった[186]。また、多くのディベロッパーが地方政府傘下の企業であるため、自動車に関する行政手続ができることは多かった。

　2009年時点で、中国では約520の汽車市場が存在し、その内、一定の規模を達成したのは約200であった。経営方式の違いによって、これらの汽車市場が

---

[186] 残念ながら、自動車交易市場に関する精確なデータは殆ど存在しなかった。一説によると、2003年時点で約500ヵ所の自動車交易市場が存在していた。

主に3つのタイプに分類できる[187]。1つ目は管理・サービスの提供を中心とするタイプである。ディベロッパーは自動車販売業に参入せず、土地や建物の売買、賃貸、管理、サービスの提供などを通して収益を獲得しようとすることが特徴である。いわば不動産業である。北京亜運村汽車市場はこのタイプの好例である。2つ目は傘下企業の販売事業を中心とするタイプである。このタイプの特徴はディベロッパーであると同時に主要な自動車の販売業者でもある。このタイプは全汽車市場の80％～90％を占めていた。3つ目は総合型タイプであることにある。収益源の半分が自動車販売によるが、ほかの半分が市場の管理とサービスの提供によるのが特徴である。

　汽車市場の発展プロセスは主に3つの段階に分けることができると考えられる。それは創設発展段階（1995年～2002年）、「4S」店との競争段階（2003年～2005年）、「4S」店との融合段階（2006年～現在）である[188]。

(1) 第1段階：創設発展段階（1995年～2002年）

　中国最初の汽車市場が出現したのは1990年代半ばである。1994年11月に開業した「上海汽車聯合交易市場」が最初の汽車市場とされる[189]。その背景にあったのは1992年の市場経済転換への促進政策と1994年に発表された個人による自動車購入の推進策である。当時、長期間にわたり、計画分配経路に慣れていた国営企業は依然として市場経済に馴染まなかった。一方、中国政府は個人企業や民営企業などを新規参入させることで流通経済の活性化、市場経済への転換を図ろうとしたが、これらの企業は必要な資本蓄積がなく、市場販売への参入が難しかった。また、ほかの商品の流通分野においては、交易市場という商業集積がすでに多く現れて、そして一定の成果を収めていた。

　初期の汽車市場の多くは政府傘下の企業（ディベロッパー）によって組織されたものであり、政府の行政機能を持っていた。その主要なテナントは旧国営企業と新たに登場した小規模な民営企業であった。これらの多くは特定のメーカーから専売を求められなかった企業であるため、併売を平気で行い、自由取引

187　『中国汽車流通行業発展報告』(2009年-2010年)、P138。
188　汽車交易市場の発展プロセスの分け方はいろいろあるが、本書では「4S」店との関係性の視点で3つの段階に分けることにした。
189　『中国汽車流通行業発展報告』(2011年-2012年)、P342。

を行っていた。

(2) 第２段階：「４Ｓ」店との競争段階（2003年〜2005年）

　2003年、広州本田、上海GMのほか、東風日産や北京現代などのメーカーも全国的な販売網を構築し始めた[190]。その結果、「４Ｓ」店の数が急増し、全国の自動車販売に影響を与え始めた。一方、多くのメーカーは汽車市場がもたらした乱売に恐れ、汽車市場への出店制限、あるいは、出店禁止の政策を取り始めた[191]。その代表格は広州本田である。広州本田が汽車市場を好まなかったのは汽車市場には乱売のほか、競争の激しさ、販売環境の雑乱、標準的な店舗作りの難しさなどの問題が存在するからである。2005年４月、広州本田は「広州本田車は「４Ｓ」店だけで販売する。汽車市場での販売が禁止である。汽車市場で販売したら、１台当たり３万元の罰金を課す。」という通達まで出した。その結果、杭州汽車城にあった広州本田の７つの販売拠点（二級販売店）がすべて撤去された[192]。

　2005年、北京市にある汽車市場の中で、ごく少数を除けば、殆ど赤字経営となった[193]。その原因は主に３つある、①消費者需要への対応不足。2000年以降、消費者が自動車を購入する時、アフターサービスの有無について関心が非常に高まるようになった。しかし、殆どの汽車市場の販売店はアフターサービスを揃えていなかった。②汽車市場の魅力の減少。2004年以降、「４Ｓ」店は大量の販促活動を行い、自動車の価格が急速に下落し、汽車市場の価格魅力性が打ち消されつつあった。③テナント数の減少。2005年、「自動車ブランド販売管理弁法」が実施される一方、各メーカーは販売店への管理を強化した。その結果、多くのテナントは汽車市場から撤退することになった。つまり、「４Ｓ」店との競争で汽車市場は完全に劣位に陥った。

　一方、取引量が減少しながら、依然として大きな役割を果している汽車市場も存在していた。北京亜運村汽車交易市場はその好例である。2003年、北京亜運村汽車交易市場の新車販売台数は６万台で、北京市乗用車市場の約40％の割合を占めていた。2004年、その販売台数は４万6000台まで急減したが、それで

190　2003年時点で、これらのメーカーは殆ど100以上の「４Ｓ」店を持つようになった。
191　「与４Ｓ模式之競争　亜运村车市之兴衰」『21世紀経済報道』、2009年11月18日付け。
192　「广本退出汽车有形市场利弊谈」『中国汽車市場』2005年第８期。
193　「招商困难销售堪忧　汽车交易市场日子越过越难」『北京晚報』、2006年３月１日付け。

も北京市乗用車市場の約23％の割合を占めていた[194]。

(3) 第3段階：「４Ｓ」店との融合段階（2006年〜現在）

　2007年以降、汽車市場は「４Ｓ」店を取り込もうとして多くの新築や改築を行い、テナントの管理を強化した。一方、北京、上海のような大都市で新たな「都市計画」が打ち出され、「４Ｓ」店の新設が困難となった。その結果、メーカーも汽車市場の優位性に気づき、積極的に汽車市場に出店させ始めた。2007年以降、「４Ｓ」方式に最も拘った広州本田も汽車市場への出店を完全に解禁した。これによって、ほぼすべてのブランドの「４Ｓ」店が汽車市場で見られるようになった。また、一部の大規模なディーラーは多くのフランチャイズ権を獲得し、独自の汽車市場を構築する動きも見られるようになった。さらに、2008年以降、多くのメーカーはサテライト店の出店を加速化する動きに出て、汽車市場での販売店数が増える一方であった。その結果、汽車交易市場を通して販売が急増した。2009年、1360万台の全国自動車販売台数の中の半分が汽車市場による販売であった[195]。実際に、汽車市場による販売といっても、その大部分は汽車市場の中に存在する「４Ｓ」店による貢献であった。つまり、汽車市場は「４Ｓ」店を取り込むことに成功したともいえる。次節は事例研究を通して汽車交易市場の実態を明らかにする。

第２節　北京市の汽車交易市場

　中国全土の各中大都市においては、ほぼ３つ〜４つの汽車交易市場がある。北京市では汽車交易市場が10ヵ所以上存在しているといわれている[196]。今回、その内の４ヵ所について現地調査を行った。

(1) 北京亜運村汽車交易市場

① 北京亜運村汽車交易市場の成長プロセス

　中国では最も注目されてきた汽車交易市場は北京亜運村汽車交易市場（以下、

194　「去年北京亚运村汽车交易市场交易下滑33％」『北京青年報汽车时代』、2005年１月19日付け。
195　『中国汽車流通行業発展報告』(2011年-2012年)、P137。
196　『中国汽車流通行業発展報告』(2011年-2012年)、P142。この数は2004年のより半分減った。

(旧)亜市)である。(旧)亜市は北京市政府の関連企業である北京北辰実業集団公司と北京首都創業集団の共同出資(それぞれ1000万元の出資額)によって設立されたものである[197]。

1995年12月18日、(旧)亜市が正式に開業した。それと同時に北京市工商局の出張所と66店舗の一般業販店が入居した。開業後の1ヵ月間、(旧)亜市の新車販売台数は僅か60台であった[198]。一番売れた車は一汽VWのジェッタである。1996年、北京市税関局は(旧)亜市で「輸入車保税庁」を設立し、(旧)亜市が輸入車販売に力を入れ始めた[199]。同年、(旧)亜市では交通局、税務局の出張所などが設置され、購入時の登録、ナンバープレート取得の代行サービス、納税、保険などを含めた一連のサービスができるようになった。その結果、1996年、(旧)亜市は新車販売台数1万1144台、売上高12億元で中国の汽車交易市場(以下、汽車市場)のトップとなった。

1997年12月、(旧)亜市の最初の専売店である上海VW汽車申銀専売店が設置された。同年、(旧)亜市での新車販売台数は2万台を突破した。1999年3月、(旧)亜市は自己投資で汽車修理廠を設置することによって、修理サービス機能も揃えるようになった。また、2001年4月、(旧)亜市は自己投資で北辰万達汽車販売公司を設置し、2つのブランド車を販売し始めた[200]。2002年2月、(旧)亜市は(北京)金港汽車公園と契約し、金港汽車公園の管理者となった[201]。さらに、2003年6月、(旧)亜市は車検、ナンバープレートの取得などの新たな機能を増やし、「一条龍服務(サービス)」を提供し始めた[202]。これによって、消費者にとって2週間程度かかる自動車の購入プロセスが1〜2時間まで急激に短縮された。2003年、(旧)亜市は新車販売台数6万350台、売上高92億元で自社歴史上の最高水準に達した。

2004年になると、(旧)亜市での新車販売台数は4万6000台まで急減した。それは(旧)亜市が移設するという情報からの影響もあったが、「4S」店と

---

197 2006年8月、北京亜運村汽車交易市場は移設した。それについて後で詳述する。2002年8月、北京首都創業集団の撤退によって、北京亜運村汽車交易市場は北京北辰実業集団公司の独自経営となった。
198 北京亜運村汽車交易市場のウェブサイト(http://fenlei.beiyacheshi.com/ysjs2.PhP)に参照。
199 2001年、中国輸入車の1/4が北京亜運村汽車交易市場によって販売された。
200 2003年下半期、北辰万達汽車販売公司は北辰集団から独立した。
201 それゆえ、金港汽車公園は北京亜運村汽車交易市場金港分市場と呼ばれたことがある。
202 「一条龍服務」とは、自動車購入の手続きの開始から完了まですべてがその場で提供されるサービス全般のことである。

の競争で劣位になったことが最大の原因だと考えられる[203]。2005年5月、(新)亜市の第1期の工事が終了し、試営業が開始された。2006年上半期から(旧)亜市は経営リスクを軽減するために、中古車販売業務に乗り出した。2006年6月、(旧)亜市は市場内の各販売店に移設の通知を送り、各販売店の移設を促した[204]。同年9月2日、新市場が正式に開業し、名称は北京北辰亜運村交易市場中心(以下、(新)亜市)であった。それと同時に(旧)亜市は完全に撤去された[205]。

　(新)亜市の建築面積は15万㎡で、(旧)亜市の約3倍の大きさである。(新)亜市は「4S」店の重要性を考え、最初から「4S」店の入居スペース(12店舗)を用意した。2006年8月時点で、すでに7店舗の「4S」店が入居した。一方、(新)亜市は試乗コース、ガソリンスタンド、クイック・サービスなどの機能を新たに加えた。その結果、2008年(新)亜市の新車販売台数は3万2000台で、北京市全体の約15％を占めていたが、2010年になると、その新車販売台数は8万台(うち：輸入車約1万6000台)まで上昇し、北京市全体の約20％を占めるようになった[206]。

　②　(新)亜市に関する実態調査

　(新)亜市は主に3つの区域によって構成されている。それは北区、東区と南区である。北区は中古車販売エリアである一方、東区は車検と修理エリアである。南区は新車販売エリアであり、(新)亜市の中心地でもある。図表6-1で示しているように、現在、(新)亜市においては、「4S」店は14店舗である[207]。これらの「4S」店は殆ど5000㎡以上で、それぞれ修理機能を持っている。この14店舗のうち、中国の国産車を中心に販売しているのは亜奥の星(北京ベンツ、輸入車ベンツ)、金泰(東風シトロエン)、東得(東南汽車、輸入車三菱)、申

203　亜運村のウェブサイトではその原因として移設の噂が広がり、多くの販売店がほかのところへの移設準備をし始めたことを挙げたが、実際に、亜運村の移設は2000年にすでに決められたので、それほどの影響力があるのは考えにくい。それは2003年以降、殆どの汽車交易市場が経営不振に陥ったことを説明できないからである。
204　多くの汽車交易市場は経営不振が続いていたので、より多くのテナントを募集するために、賃貸料の引き下げ、あるいは免除を行った。その結果、多くの販売業者は他の汽車交易市場に流され、旧亜市から新亜市に移転した販売業者は僅か1/3であった。
205　「亜运村车市开始正式拆迁　老亚市的辉煌难以复制」『北京晨報』、2006年8月1日付け。
206　「欲破解融資难題　亜市筹划上市」『経済観察報』、2011年7月30日付け。
207　(新)亜市の少し離れたところには合宏進(東風悦達起亜)、合宏進(東風風行)、汇京福瑞(東風日産)という3つの「4S」店が構えている。

第Ⅵ章　中国の汽車交易市場の発展と「ディーラー・システム」の変容

図表6-1　(新)亜市南区の販売店の分布図

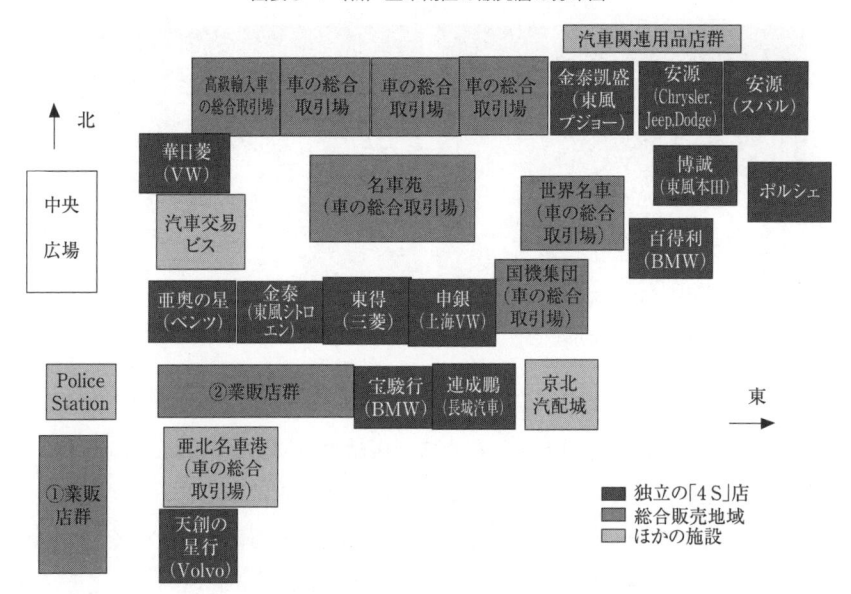

[図：(新)亜市南区の販売店分布図。北が上、東が右。中央広場の東側にPolice Stationがあり、その周辺に各種販売店が配置されている。主な店舗：高級輸入車の総合取引場、車の総合取引場（3区画）、金泰凱盛（東風プジョー）、安源（Chrysler, Jeep, Dodge）、安源（スバル）、汽車関連用品店群、華日菱(VW)、名車苑（車の総合取引場）、世界名車（車の総合取引場）、博誠（東風本田）、ポルシェ、汽車交易ビス、亜奥の星（ベンツ）、金泰（東風シトロエン）、東得（三菱）、申銀（上海VW）、国機集団（車の総合取引場）、百得利（BMW）、①業販店群、②業販店群、亜北名車港（車の総合取引場）、宝駿行（BMW）、連成鵬（長城汽車）、京北汽配城、天創の星行（Volvo）。凡例：独立の「4S」店、総合販売地域、ほかの施設。]

注：①現地では（新）亜市の概略図もあるが、古いもので現在の実際の分布状況を反映することができなかった。この図は筆者が店舗を1軒ずつ回って作成したものである。
②図面の大きさはその建物の大きさに比例して作られた。
③ここでの一般業販店の殆どが「4S」店の協力販売店である。
出所：2013年7月25日の現地調査により筆者作成。

銀（上海VW）、連成鵬（長城）、金泰凱盛（東風プジョー）、博誠（東風本田）といった7社である。14店舗の「4S」店はすべて専売を行っているが、輸入車や中国民族系の「4S」店を除き、殆どの「4S」店は北京市外への販売が許可されていない[208]。

一方、(新)亜市の業販店群は主に2つのところに集中している。業販店群①は長安商用車、Audi、華辰、上海VW、北京現代、上海GM、北京汽車、吉利汽車、栄威などの車を販売している。全部で十数店舗である。業販店群②は豊田、VW、北京現代、起亜、上海VW、Audi、栄威、本田、日産、広州汽車、BMWなどの車を販売している。同じく十数店舗ではあるが、業販店群①より店舗数が多かった。これらの業販店は大体200～300㎡で、店内では1～2台の展示車が置かれている。店内から見ると殆ど1社のメーカーの車のみが置かれ

208　特に注記しない限り、調査で入手した資料及びヒヤリングに基づく。

図表6-2 （新）亜市の車の総合取引場

出所：2013年7月25日の現地調査。

ているが、ほかの車も販売する。つまり、ブローカーとしての一面も存在する。多くの業販店の店員は客引きするために、店舗の外に立ち、通行人に声をかける。そこを通ると、必ず「どんな車がほしい？　うちは何でもある。安くしてあげる。」あるいは、「先の人はいくらといった？　うちはもっと安くしてあげる。」という話を持ってくる。店外においては多くの車が停まっているが、実際に各業販店に所属するのは数台～十数台である。

　（新）亜市では最も多くの店舗が入っているのは車の総合取引場である。車の総合取引場は合計8棟ある。そのうち、輸入車の専門総合取引場は4棟ある。その中に、規模が一番大きいのは名車苑である。名車苑の敷地面積は2万㎡で、20ブランド以上の輸入車と国産高級車を販売している。車の総合取引場は店舗の配置によって2種類に分けられる。第1種は図表6-2の左図で示しているように、各ブースは1社で、展示車が各ブース内で展示されるタイプである。各ブースの展示車が3台～8台である。第2種は図表6-2の右図のように、各ブースが小さな相談室であり、展示車がすべて中央広場で展示されるタイプである。第2のタイプの展示車数はやや多く、基本的に5台以上だが、十数台を展示しているのも少なくない。これらの車の総合取引場は基本的に各異なる事業者によって構成されているが、関連のある事業者が同一総合取引場の中に入る傾向がある。また、同一のメガ・ディーラーが独自で1つの総合取引場を仕切る場合もある。例えば、国機集団（グループ）、中国汽車工業輸出入総公司（輸入車販売中心のメガ・ディーラー）、聯拓集団（グループ）がある。

　（新）亜市南区においては、3ヵ所で車両販売以外の機能を提供している。まず、汽車交易ビルは自動車購入のプロセスを全面的にバックアップするとこ

ろである。そこで、自動車に関するすべての手続きのサービスが提供されている。次の京北汽配城と汽車関連用品店は自動車の関連用品を提供するところである。また、Police Stationの役割は（新）亜市の治安を維持することであるが、顧客を騙す事件に介入しない場合が多い。それは（新）亜市では顧客を騙す事件が多発している一方、騙されているかどうかの判断も難しかったからである。Police Stationは「車販子」からの購買をしないことを呼びかけている[209]。

　今まで汽車交易市場のメリットとしてよく指摘されたのは品揃えの豊富さと価格の安さである。品揃えの豊富さから見ると、（新）亜市では120以上のテナントが入居し、90ブランド以上の車が販売されている。その内、輸入車ブランドが15ブランド以上で、ほぼすべての高級輸入車が出揃っている。また、75以上の国産車ブランドの中で外資合弁系ブランドは2/3以上を占めているので、（新）亜市は豊富な品揃えを持ち、中高級車、特に高級車の領域において優位性があるといえる[210]。価格の安さから見ると、（新）亜市市場内の「４Ｓ」店と市場外の「４Ｓ」店において大きな差が見られなかった。一方、（新）亜市市場内の業販店が一番の低価格の提供を訴えてきたが、信憑性が低い。基本的に、同一車種なら、「４Ｓ」店より２万〜３万元（約10%〜20%）の安さではあるが、顧客が他店で問い合わせた低価格を提示すると、他店の価格よりさらに200〜500元程度の低い価格が提示される。また、車の総合取引場の販売店において、国産車の場合、「４Ｓ」店との大きな価格差（１台当たり500〜1000元程度）が見られなかった[211]。つまり、（新）亜市の価格の優位性が薄くなりつつある。

　また、汽車交易市場のデメリットとしてよく挙げられたのは同一ブランドの無秩序競争とアフターサービスの不備である。輸入車を除くと、（新）亜市は（旧）亜市より同一ブランド車の販売店数が大幅に減少した[212]。つまり、輸入車以外、昔のような無秩序競争が大幅に緩和された。一方、アフターサービスに

209　「車販子」とは営業許可、店舗、車などを持っていなかったのにも拘らず、顧客の紹介を通して自動車を販売している個人である。通常、「車販子」は安い価格を提示し、顧客を引きつけるが、購入直前に突然価格を上げたり、顧客の知らない状況でオプションを変えたりする。また、ほかの地域での登録ができるという嘘をついて顧客を騙し、車を購入させることも多かった。実際に、一般業販店の店員は同じようなことをやることも少なくなかった。
210　データは亜運村のウェブサイトにより集計。
211　但し、輸入車の場合、１割前後の価格差が存在する場合がある。例えば、Audi320の標準タイプは「４Ｓ」店での価格が38万8000元であったが、車の総合取引場の販売店では35万元であった。
212　（新）亜市では同一ブースでは１つか２つのブランドの車しか販売できないという制限が設けられていた。

関しては、(新)亜市は早い段階ですでにその機能を整えた。

③　(新)亜市の優位性と問題点

(新)亜市の優位性に関しては主に4つが挙げられる。ⅰ) 豊富な品揃え。前に述べたように、(新)亜市が中高級車、特に高級車の領域において豊富な品揃えを誇っている。ⅱ) ワンストップショッピング機能。(新)亜市が「一条龍服務 (サービス)」、アフターサービスの提供、試乗コースの用意などを通して、ワンストップショッピング機能を揃えた。ⅲ) 情報発信能力と経営管理能力の強さ。1996年6月から中央政府の行政組織である「国家計画委員会情報センター」の委託を受けて以来、(旧)亜市は長年にわたって、各新聞、テレビ、雑誌などのマスコミを通して自動車販売に関する情報を発信してきた。中国では、亜市の認知度を超える汽車交易市場が存在しなかった。また、(新)亜市は集客力を向上させようとして、業販店の整理や「4S」店の取り込みなどの政策を実施してきた。ⅳ) 親会社のバックアップ。(新)亜市の親会社は国有企業であり、北京市政府とは親密な関係にあり、政府からの支援を受けやすい。また、その親会社は住宅、ホテル、レジャー施設などの多くの事業を展開している上場企業であり、豊富な資金力を持っている。

一方、(新)亜市はまだ多くの問題点を抱えている。ⅰ) 購入の不便さ。(新)亜市の案内図が汽車交易ビルのところにのみある、しかも「4S」店しか載っていなかった。また、「4S」店が集中しているので、探しやすいが、ある特定のブランド車を比較購買する場合、やや手間がかかる。ⅱ) 購入リスクの高さ。(新)亜市はPolice Stationなどの設置を通して、「車販子」などの管理を強化しようとしたが、実際に効果が薄く、信用できない企業が依然として多い。ⅲ) 価格優位性の低下。「4S」店との競争で、一般業販店は劣位になり、価格の安定化が強まりつつある。

(2) 東方基業国際汽車城

①　東方基業国際汽車城の概要と発展プロセス

東方基業国際汽車城 (以下、東方基業) は北京政府が計画した四大汽車交易市場の1つであり、北京市の中央商業区に最も近い汽車城である[213]。投資額は20

---

[213] 北京政府が計画した四大汽車交易市場とは北の(新)亜市、東の東方基業、西の欧徳宝汽車交易市場、南の北京花郷汽車交易市場である。

億元以上、敷地面積は40万㎡である。東方基業は主に、Ⅰ、Ｊ、Ｇといった３つのブロックと１つのショッピングセンター（６万8000㎡）によって構成されている。ディベロッパーは東方基業投資集団である[214]。

2004年９月29日、東方基業が正式に開業した。開業当時、東方基業は18店の「４Ｓ」店と約31店の一般業販店を同時に取り入れた[215]。そして、東方基業は６万3000㎡の４階建ての取引ホールを建設し、消費者に自動車ローン、保険、車検、ナンバープレートの取得、納税などの「一条龍服務」を提供した[216]。同年12月、東方基業は中古車販売事業としてその周辺で東方旧汽動車交易市場を設立した。それと同時に、工商局と交通局の出張所を入居させ、中古車のワンストップショッピング機能も揃えるようになった[217]。2005年、東方基業の一般業販店数は80店以上まで増加したが、2006年６月になると、約40店まで減少した。一方、18店の「４Ｓ」店には増減の変化はなかった。2008年以降、業販店数はさらに減少した。テナント数の不足の問題の解決、そして、収益性の向上のために、東方基業は大型取引ホールをショッピングセンターとして利用し始めた。2009年９月、活力東方Outlets（ショッピングセンター）が開業し、取引ホールの行政的機能はその周辺の小さな建物に移設された。

② 東方基業国際汽車城に関する実態調査

図表６－３のように、現在、東方基業は主に17店舗の「４Ｓ」店、２ヵ所の業販店群、１店舗の総合販売店、１つのショッピングセンター及び１つの中古車交易市場によって構成されている。東風本田、一汽豊田、東風シトロエン、東風日産、一汽VWのように、「４Ｓ」店は殆ど中高級車を販売している。一方、２ヵ所の業販店群は合わせて十数店舗で、長安、BYD、現代、五菱などの大衆車を販売している。その中に中古車販売店や汽車用品店もいくつか入っているが、その数は非常に少ない。また、その総合販売店は高級輸入車の販売店である。このほか、修理店が各所に点在している。

東方基業開業以来、「４Ｓ」店の経営が比較的に順調である一方、一般業販

---

[214] 東方基業投資集団は1993年から不動産屋として出発した企業であり、金融、エネルギー、鉱山、汽車、商業を含め、多岐の事業に携わっている。
[215] 当時、その「４Ｓ」店の数は汽車交易市場の中で断トツであった。
[216] 「東方基业叫板亚市」『新京報』、2004年10月４日付け。
[217] この機能はほかの交易市場が殆ど持っていなかった。しかし、プロモーション等の活動が殆ど行われなかったため、この中古車市場に対する認知度が非常に低い。

図表6-3　東方基業国際汽車城の概略図

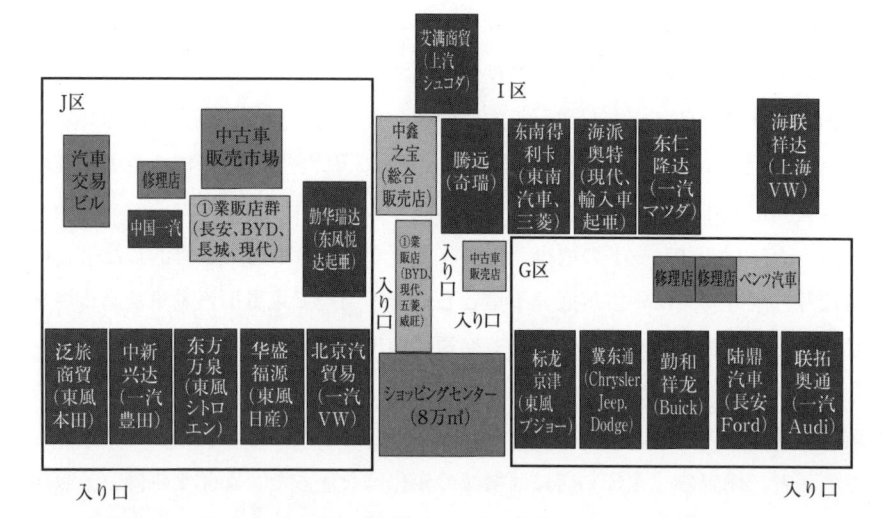

（図表省略）

出所：2013年7月26日の調査により筆者作成。

店の経営が悪化し、次々と撤退した。その結果、大型取引ホールがショッピングセンターとして利用された一方、「４Ｓ」店の重要性がますます増している[218]。すべての「４Ｓ」店では自動車関連の殆どのサービスが提供されていたことに加え、今の消費者の衝動購買の傾向が弱まったことによって、汽車交易市場のワンストップショッピングの機能を低下させた。

　東方基業に関しては主に３つの優位点が挙げられる。ⅰ）比較購買の便利さ。東方基業では殆どの中高級ブランド車が揃っている。これは中高級車への需要を大いに満たすことができる。ⅱ）イメージの向上。現在東方基業では「４Ｓ」店が中心となり、一般業販店が多く存在した昔のような雑乱のイメージから順調に脱却した。ⅲ）中古車販売市場との相乗効果。東方基業の中の「４Ｓ」店は中古車を下取り、直ちに中古車販売市場に投入することができる。それによって中古車在庫を減らすことができる。

　一方、東方基業に関しては主に３つの問題点が存在している。ⅰ）規模経済の限界。それぞれの「４Ｓ」店が各自でプロモーション等の活動を展開し、汽車城全体としての相乗効果が薄い。ⅱ）経営管理能力の弱さ。ディベロッパー

218　取引ホールには一般業販店がたくさん入居していた。

は自動車の経営に熱心ではなく、あくまでも賃貸料を収入源として考えている。
ⅲ）価格優位性の不存在。汽車城内の同一ブランド間の競争が殆ど存在しなかったため、価格は汽車城外より安くはない。

(3) 北京欧徳宝汽車交易市場

① 北京欧徳宝汽車交易市場の概要と発展プロセス

　北京市昌平区回龍観鎮に位置している北京欧徳宝汽車交易市場（以下、欧徳宝汽車市場）も北京政府が計画した四大汽車交易市場の１つである。投資額は５億元、敷地面積は40万㎡である[219]。ディベロッパーは北京欧徳宝汽車交易市場有限責任公司（民営企業）である。

　自動車市場の名を早く伝えるために、2003年11月、欧徳宝汽車市場内の８店舗の「４Ｓ」店と約30店舗の一般業販店は営業を実験的に開始した。当初の計画は、2004年の正式開業と同時に、「４Ｓ」店を20店舗まで増やすことであった。しかし、2004年下半期になると、自動車市場の成長が減速し、テナント募集がうまく行かず、やむを得ず欧徳宝汽車市場はテナント料を大幅に下げた。当時、（新）亜市は3.5元/㎡、東方基業は５元/㎡であるのに対して、欧徳宝汽車市場の１日の賃料は僅か1.7元/㎡で、しかも駐車費は無料であった[220]。2005年１月になると、欧徳宝汽車市場のテナント数は60店まで増加した。その後、「４Ｓ」店の数は若干増加したが、一般業販店の数は逆に減少した。2006年９月、汽車市場の優位性を高めるために、欧徳宝汽車市場は購置税の管理役所を誘致した。これによって、車検を除くと、欧徳宝汽車市場は殆ど自動車に関するすべてのサービスを提供できるようになった。しかし、入居テナントの不足の問題が完全に改善されていなかった[221]。2009年、欧徳宝汽車市場のテナント数は約40店であり、その内、「４Ｓ」店は約10店舗であった。2010年、自動車販売が好調となり、「４Ｓ」店が15店舗まで増加した。

② 北京欧徳宝汽車交易市場に関する実態調査

　図表６-４で示しているように、現在、欧徳宝汽車市場は主に22店舗の「４Ｓ」店、２ヵ所の業販店群、１つの中古車市場及び１つの自動車部品市場によ

219　但し、土地が完全に利用されたわけではなかった。
220　「経銷商按兵不動 市场拼价格 京城汽车城各寻出路」『北京現代商報』、2004年７月28日付け。
221　当時、北京の大規模な交易市場はほぼ全部この問題を抱えていた。

図表6-4 北京欧徳宝汽車交易市場の概略図

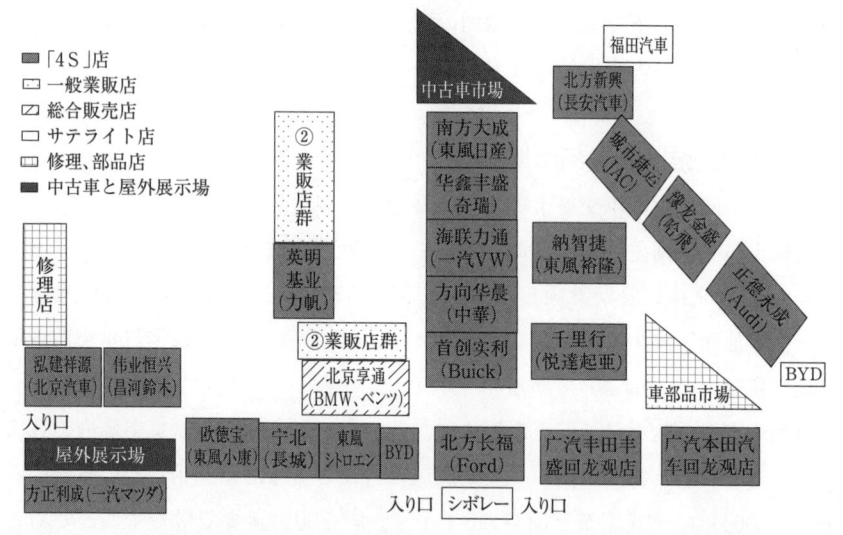

出所：2013年7月27日の調査により筆者作成。

って構成されている。22店舗の「4S」店の内、中国民族系メーカーの店舗が2/3を占めている。つまり、大衆車の販売が中心である。2ヵ所の業販店群を併せて約20店舗である。中古車市場には6店舗の中古車ブランド店と20店舗以上の一般中古車販売店が存在している。

　欧徳宝汽車市場には主に3つの優位点が挙げられる。ⅰ）豊富な品揃え。欧徳宝汽車市場は26以上の自動車ブランドを取り扱い、特に大衆車の領域においては強みがある。ⅱ）イメージの向上。一般業販店数の減少によって、市場内の混乱状況が改善され、市場全体のイメージを向上させた。ⅲ）中古車市場との相乗効果。各「4S」店は中古車を下取り、直ちに中古車販売市場に投入することができる。さらに、市場にはブランド中古車が存在しているため、中古車販売に関しては独自の優位性を持っている。

　一方、欧徳宝汽車市場には主に2つの問題点が存在している。ⅰ）規模の経済性の発揮の難しさ。各「4S」店は各メーカーの政策に従うので、統一のプロモーション活動には限界がある。ⅱ）価格優位性の不存在。汽車城内と汽車城外の価格差は殆ど存在しない。

(4) 博瑞汽車園区（汽修公司一廠）

① 博瑞汽車園区の発展と現状

　博瑞汽車園区は北京市朝陽区花虎溝に位置しており、その前身は北京市汽車修理公司一廠（以下、汽修公司一廠）である。汽修公司一廠は1952年に設立された国有企業であり、当時中国の最大の汽車修理工場であった。1992年、汽修公司一廠は一汽VWから販売権を獲得し、自動車販売業に参入した。1995年、同社はメルセデスベンツ（中国）汽車公司からベンツの販売権を入手した。2000年以降、汽修公司一廠は継続的に専売店（「４Ｓ」店を含む）を取り入れた。

　2000年に一汽VW-Audi（最初の「４Ｓ」店）、2001年に東風シトロエン、奇瑞（「４Ｓ」店）、2002年に南京フィアット、2002年時点で汽修公司一廠は６店舗の販売店を持つようになった。自動車のフランチャイズ権を獲得すると同時に、汽修公司一廠は積極的に各メーカーから自動車の特約修理権を獲得してきた。2006年時点で、汽修公司一廠は８店舗の「４Ｓ」店と８つの特約サービスステーションを持つようになった[222]。

　一方、汽修公司一廠は積極的に自動車のアフターサービスを向上させようとした。2002年、汽修公司一廠は各サービスステーションに「快速服務区」を設置し、ユーザーにスピーディな自動車修理・サービスを提供し始めた。2005年１月、汽修公司一廠は保険会社と共同で汽修一廠保険センターを設置し、保険サービスを提供し始めた。

　2009年、汽修公司一廠の看板が「博瑞汽車園区」に変更された。2010年10月、北京祥龍資産経営有限公司（その持ち株親会社）の戦略によって、汽修公司一廠を含めた北京市汽車修理公司が北京旧機動車交易市場有限公司、北京祥龍汽車租賃（リース）有限公司と合併し、北京祥龍博瑞汽車服務（集団）有限公司（北京市最大のメガ・ディーラー）が設立された。「博瑞汽車園区」はそのメガ・ディーラーの傘下に収められた[223]。2010年、「博瑞汽車園区」は一汽VW、一汽、一汽Audi（Audi）、北京ベンツ（ベンツ）、東風シトロエン（シトロエン）、奇瑞、プジョー、Iveco、インフィニティ、アキュラといった10店舗の「４Ｓ」店舗を持つようになった。同年、１万5900台の新車販売台数と23万5000台の修理台数

---

222 「以誠信贏市場」『北京晩報』、2007年１月９日付け。
223 「北京祥龙博瑞集団总经理王东节致辞」『北京祥龍博瑞集団新聞』、2010年12月16日付け。

図表6-5　博瑞汽車園区の店舗分布図

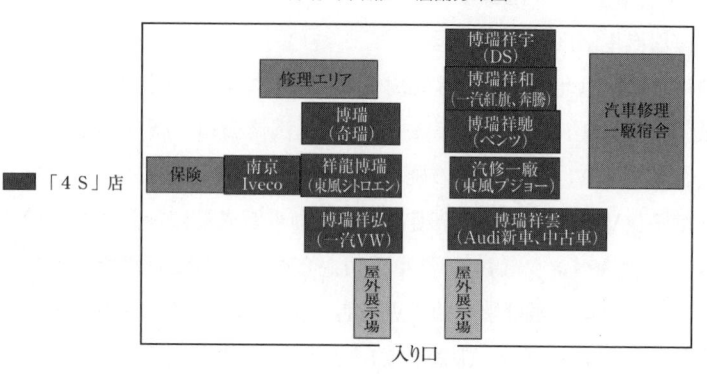

			博瑞祥宇 (DS)	
	修理エリア		博瑞祥和 (一汽紅旗、奔騰)	
		博瑞 (奇瑞)	博瑞祥馳 (ベンツ)	汽車修理 一廠宿舎
「4S」店	保険	南京 Iveco	祥龍博瑞 (東風シトロエン)	汽修一廠 (東風プジョー)
		博瑞祥弘 (一汽VW)	博瑞祥雲 (Audi新車、中古車)	
		屋外展示場	屋外展示場	

入り口

注　：DSは長安プジョー・シトロエンのブランドである。
出所：2013年7月28日の現地調査により筆者作成。

が記録された[224]。

　2013年現在、図表6-5のように、博瑞汽車園区には9店舗の「4S」店が存在している。それは南京Iveco、博瑞（奇瑞）、祥龍博瑞（東風シトロエン）、汽修一廠（東風プジョー）、博瑞祥弘（一汽VW）、博瑞祥雲（一汽Audi、Audi）、博瑞祥馳（北京ベンツ、ベンツ）、博瑞祥和（一汽紅旗、奔騰）、博瑞祥宇（DS）である[225]。

　②　博瑞汽車園区の優位性と問題点

　博瑞汽車園区の優位性としては主に4つが挙げられる。ⅰ）購入の利便性。博瑞汽車園区の入り口は1つであり、店舗の配置も簡単で、非常に回りやすい。また、汽車園内の9店舗は大衆車から高級車まですべてカバーしているので、同一価格帯の比較検討をしない顧客にとって非常に便利である。ⅱ）共通経費の軽減。博瑞汽車園区は毎年、全店舗共同のキャンペーン活動を行い、プロモーション等の経費を軽減しようとした。ⅲ）修理技術の高さと修理サービスの豊富さ。もともと博瑞汽車園区は汽車修理工場であったので、長年の間に豊富な修理技術が蓄積されてきた。また、博瑞汽車園区は最初から修理サービスを重視し、多様なサービスプランを提供してきた。ⅳ）関連企業との連携。博瑞汽車園区の関連企業としては、中国最大の中古車交易市場と北京の大規模自動

224　汽修公司一廠のウェブサイト（http://www.bjqxyc.com/info.asPx?ColumnID=1234&childcolumnid=1923）のデータ。
225　インフィニティとアキュラの「4S」店は存在しなくなった。

車リース会社が存在している。これらの関連企業との連携効果が発揮できる。例えば、買い取った中古車を中古車交易市場に回し、または、売れない車をタクシーとして使用することなどができる。

一方、博瑞汽車園区の問題点としては主に4つがある。ⅰ）比較購買の不便さ。汽車園内の店舗数は僅か9店で、そして大衆車から高級車まで全部カバーしているので、同一価格帯での比較購買がしにくい[226]。ⅱ）ワンストップショッピング機能の不足。博瑞汽車園区ではナンバープレートの取得や納税などの機能が揃っていなかったため、自動車の購入には一定の時間が要る。ⅲ）規模拡大の困難性。博瑞汽車園区は住宅地に囲まれて、増築用地が限定されている。ⅳ）規模経済の限界性。博瑞汽車園区での各「4S」店はそれぞれの独立の修理部を持っているので、修理工場を持っている博瑞汽車園区にとって重複投資になり、もとの優位性を完全に発揮することができなくなった。

第3節　上海市の汽車城

(1)　上海国際汽車城（安亭汽車城）

上海国際汽車城は上海政府の「十五」計画の一環として作られた「都市経営体」であり、中国の最大の汽車城といわれている。敷地面積は6800万㎡（そのうち、核心貿易区480万㎡）であり、上海市嘉定区安亭鎮に位置している。ディベロッパーは上海国際汽車城発展有限公司（国営企業）である[227]。上海国際汽車城は汽車城核心貿易区（自動車販売機能）だけでなく、汽車製造、研究開発区、住宅地、競技場、ゴルフ場など多くの都市機能を持っている。

2001年9月に上海国際汽車城は上海VWの工場として出発し、2006年6月から核心貿易区の営業が開始した。核心貿易区には上海最大の中古車交易市場のほか、自動車関連用品展示場、公園、自動車貿易展示街などが含まれている。

226　博瑞汽車園区から1km離れたところに、广通（一汽豊田）、广通（レクサス）、广汽本田日銀（广汽本田）、森华佳运（東風日産）、通铭伟业（北京現代）といった5つの「4S」店が構えているので、ある程度比較購買の欠点を補うことになると考えられる。しかし、消費者は車種だけでなく、価格も重視しているので、同一ブランドの販売店の不存在は消費者に不便をもたらす。
227　上海国際汽車城発展有限公司は2001年7月24日に、上海汽車工業（集団）総公司、上海百聯（集団）公司、上海嘉安投資発展有限公司、上海国際汽車城新安亭聯合発展有限公司、中国汽車工業協会の共同出資によって設立された。

図表6-6　自動車貿易展示街の概略図

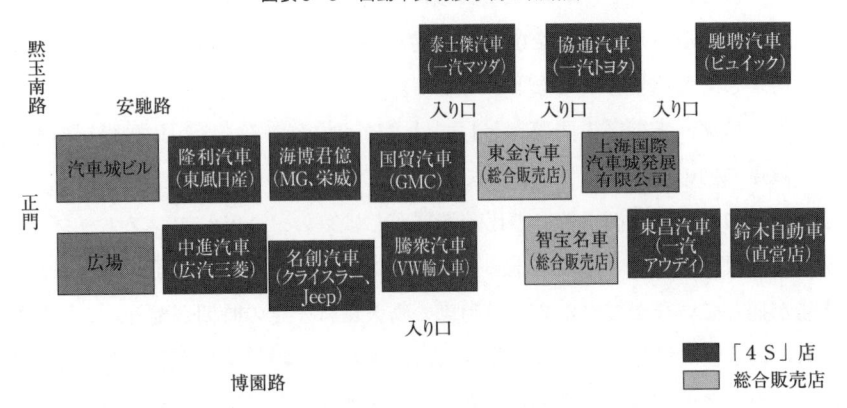

(図表省略：黙玉南路・安馳路・博園路に囲まれた区画に、汽車城ビル、隆利汽車（東風日産）、海博君億（MG、栄威）、国貿汽車（GMC）、東金汽車（総合販売店）、上海国際汽車城発展有限公司、泰士傑汽車（一汽マツダ）、協通汽車（一汽トヨタ）、馳聘汽車（ビュイック）、広場、中進汽車（広汽三菱）、名創汽車（クライスラー、Jeep）、騰衆汽車（VW輸入車）、智宝名車（総合販売店）、東昌汽車（一汽アウディ）、鈴木自動車（直営店）が配置されている。凡例：■「4S」店、□総合販売店）

注：ここの鈴木の直営店とは、鈴木が100％出資の販売店である。
出所：2013年7月22日の調査により筆者作成。

　自動車の新車販売は主に自動車貿易展示街に集中している[228]。
　図表6-6で示しているように、自動車貿易展示街には13社の大型自動車販売店が入っている[229]。その内、「4S」店が11店、総合販売店が2店である。それぞれの「4S」店が違うブランド車を販売している。一方、総合販売店は高級輸入車（Audi、BMW、Land Rover、ベンツ、ポルシェなど）の販売を中心としている。そのほか、空いている大型店舗は3ヵ所にある。
　自動車貿易展示街は洋式の建築様式を有し、いくつかの販売店が散在し、のどかな雰囲気に包まれている。しかし、これは散歩に適しているが、消費者にとって不便である。そして、自動車貿易展示街は独自の看板を持っていなかったため、汽車交易市場としては考えにくい。さらに、汽車交易市場としての機能は殆ど全部各「4S」店に任されていた。つまり、自動車貿易展示街はただの「4S」店の集積地である。

(2)　上海車市汽車市場

　上海車市汽車市場（以下、上海車市）は上海市浦東新区航頭鎮沪南路に位置しており、上海市の最大の総合汽車交易市場である。敷地面積は1万5000㎡であ

---

[228]　このほか、世貿汽車という自動車総合販売店も存在しており、自動車貿易展示街とはかなりの距離がある。
[229]　自動車貿易展示街から約1km離れたところには上海VWの直営店がある。

第Ⅵ章　中国の汽車交易市場の発展と「ディーラー・システム」の変容

図表6-7　上海車市汽車市場のテナント分布図

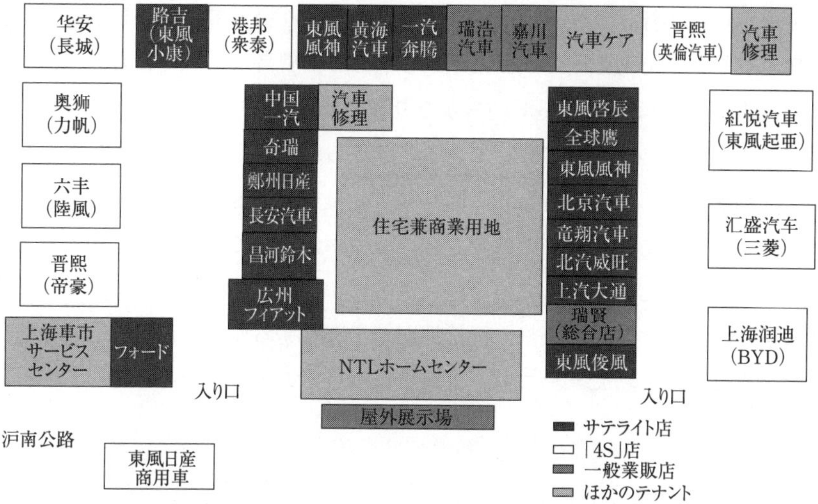

注：東風日産商用車は上海車市の外に位置しているので、計算に入れないことにした。
出所：2013年7月23日の調査により筆者作成。

る。ディベロッパーは上海車市汽車市場経営管理有限公司（民営企業）である。

　上海車市は2003年4月より建築され、2005年2月に上海政府の「十五」計画の一環として組み入れられ、2005年12月に正式に開業した[230]。開業と同時に、300店のテナントが入居した。それはBMWなどのいくつかの「4S」店を除けば、殆どが一般業販店であった。ところが、2008年に入ると、自動車販売が不振な状況となり、多くの一般業販店が撤退した。そこで、上海車市は収益を求め、その中心部に建築材料店やホームセンターを入居させた。2009年以降、唯一の高級車ブランドであるBMWの「4S」店も上海車市から撤退した。

　2013年現在、図表6-7のように、上海車市では3店舗の一般業販店を除き、残りの27店舗はすべて専売店である[231]。これらの専売店のうち、「4S」店は9店舗で、1/3を占めている。殆どの販売店が販売しているのは帝豪、陸風、力帆、長城などのような大衆車である。真ん中の住宅兼商業用地には建築材料店が存在していたが、今は殆ど退去されたので、いくつかの小売店を除くと、

230　当時の計画としては、60万㎡の土地を3段階に分けて、中国最大の汽車貿易国際市場を建設することであったが、途中で計画が頓挫し、現時点で第1段階に留まった。
231　自動車の販売店に限っていう。

殆ど空いている状態である。

　上海車市は30社以上のメーカーのブランドを取り扱っている。しかも、殆ど大衆車ブランドである。これは大衆車を求める消費者にとって魅力的である。また、上海車市は都市中心部からかなり離れたところ（郊外）に位置しているので、大衆車への需要に対応していると考えられる。そして、上海車市が2つの入り口を持ち、案内図もあり、回りやすい。一方、地下鉄の駅に遠く、交通は非常に不便である。零細の修理店もいくつか点在しているが、ほかの付加価値サービスが殆ど提供されていない。さらに、自動車販売価格に関しては、近隣の浙江省と比べると、価格の優位性が若干存在するが、上海当地との価格差は殆ど存在しなかった。つまり、上海車市は一定の優位性を持っているが、それほど高くはない。

第4節　広州市の汽車城

(1)　広州賽（競）馬場汽車城

①　広州賽（競）馬場汽車城の発展と現状

　広州賽（競）馬場汽車城（以下、賽馬場汽車城）は中国華南地区の最大の汽車城であり、総面積は約18万㎡、建築面積は約12万㎡である。広州市天河区珠光新城の中心地域に位置し、南には地下鉄5号線の競馬場駅があり、北は黄埔大通りに近隣し、東は華南快速道に接続するという好立地にある。

　賽馬場汽車城の前身は広州賽馬場である。1992年、広州市政府は財源の確保のため、賽馬場を建設した。しかし、当時、中国政府はギャンブル性を帯びた競技や娯楽活動を禁止していたため、広州市政府は外国人向けを強調しながら、メディアへの影響力を行使し、国内向けの宣伝活動を極力避けた。広州賽馬場は主に広州賽馬場娯楽総公司（以下、広州賽馬公司）によって運営されていた。ところが、広州賽馬場の経営赤字が急速に膨らみ、1999年になると、負債額は12億5000元に達した。それに加え、運営最高責任者の収賄及び横領事件が摘発され、広州賽馬場が廃業された。

　その後、広州市政府及び広州賽馬公司は広州汽車販売業界協会の提案を採択し、汽車交易市場（汽車城）として賽馬場の跡地を再利用し始めた。2003年4月、汽車城の経営権（5年間）の一般公募が行われ、広州市三鷹実業有限公司によ

第Ⅵ章　中国の汽車交易市場の発展と「ディーラー・システム」の変容

って落札された[232]。同年12月13日、広州賽馬場は三鷹汽車城として正式に再出発した。三鷹汽車城の初期投資額は1億6000万元で、敷地面積は21万㎡であった。開業当初、三鷹汽車城は100店近くのテナントを入居させることができ、比較的に順調であった[233]。しかし、2004年下半期以降、自動車市場成長の減速によって、多くの小規模販売店が撤退し、あるいは賃貸料を滞納し始めた[234]。その結果、経営上の問題が次々と浮かび上がった。それに伴い、三鷹実業は巨額の賃料を1年間以上滞納し、広州賽馬公司に訴えられる結末まで発展した[235]。

　2007年、広州賽馬公司が勝訴し、賽馬場の経営権を回収した。それと同時に、三鷹汽車城の名称が賽馬場汽車城へと変更された。広州賽馬公司が800万元を投資し、汽車城内の施設を整理・改装し始めた。同年、広州賽馬公司が300万元を投入することで広州市の役所を招致し、修理、保険、ローンなどのサービスに加え、車検、納税（購置税）、ナンバープレートの取得などの「一条龍服務」を提供し始めた。

　一方、賽馬場汽車城は積極的に「４Ｓ」店とサテライト店を取り込んだ。2007年時点で、「４Ｓ」店の店舗数は20店、サテライト店の店舗数が18店であった[236]。2007年、賽馬場汽車城の自動車販売店数は約80店なので、専売店数（「４Ｓ」店とサテライト店が合わせて38店舗）はその半分までには達していなかったが、2005年より汽車城での専売店の割合が確実に上がった。同年、賽馬場汽車城での新車販売台数は3万台を突破し、広州市都市部の新車販売台数の1/3を占めるようになった[237]。2009年、賽馬場汽車城には「４Ｓ」店が約20店、サテライト店が約30店、一般業販店が約25店、自動車修理店が約20店入居しており、専売店の割合が圧倒的になった。つまり、賽馬場汽車城は「ディーラー・システム」に組み込まれ始めた[238]。

　図表6-8のように、2013年現在、賽馬場汽車城では99のテナントが入って

232　「广州州賽马场变身汽车城」『広州日報』、2003年4月11日付け。
233　当時、三鷹汽車城の賃料は約20元/㎡（業界並み）、入居率は85％であった。
234　三鷹汽車城の販売店は殆ど一般業販店であり、2005年になると、漸く8店舗の「４Ｓ」店を招致した。しかも、その内、大衆車ブランドの「４Ｓ」店が中心であった。
235　三鷹実業が広州賽馬公司に払うべき賃料は約500万元/月である。
236　「三鷹変身賽马场汽车城」『南方日報』、2007年9月28日付け。
237　易車網「市中心最后一块汽车销售热土―马场汽车城现状―」。
　　http://www.bitauto.com/html/news/2008125/200812516282065672.shtml、2013年11月10日。
238　店舗に関する情報は櫨山・川邉（2011）、P196に出自する。

図表6-8　広州賽馬場汽車城の概略図

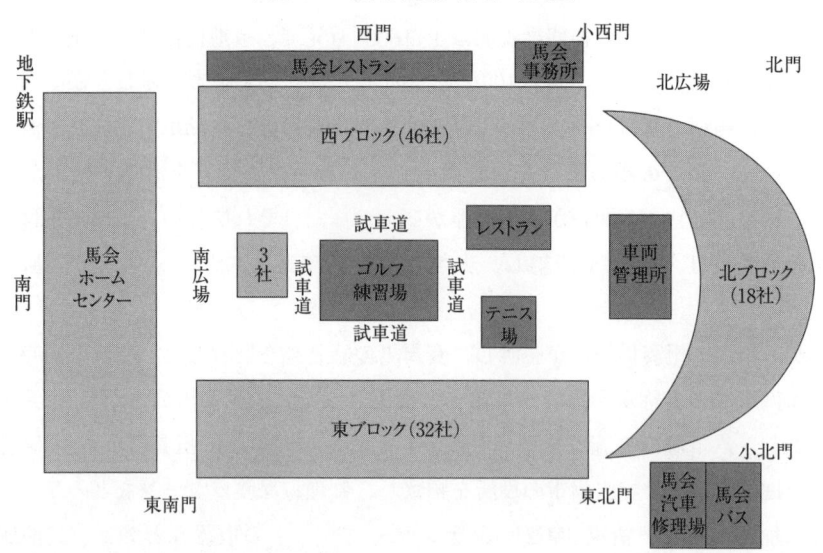

いる。3社を除いて、テナントのすべてが3つのブロックに分布している。東ブロックには32店が入っている。そのうち、約半分強は自動車修理店（部品販売店を含む）である。残った半分は殆ど「4S」店（5店）とサテライト店である[239]。北ブロックには18店が入っている。その内、約半分は高級車の総合販売店、ほかの半分弱は殆ど「4S」店（約7店）である。また、車両管理所と大型レストランなどもこのブロックに分布している。西ブロックには46社が入っている。このブロックにはサテライト店が2/3以上の割合で、「4S」店は約9店舗である。また、南広場の3社はすべて「4S」店である[240]。要するに、99のテナントの中に、24店舗の「4S」店と十数店舗の高級車総合販売店を除くと、残りは殆どサテライト店である。

②　広州賽馬場汽車城の優位性と問題点

賽馬場汽車城の優位性としては主に5つが挙げられる。ⅰ）購入の利便性。まず賽馬場汽車城は好立地に位置しており、2万㎡以上の大型駐車場が揃っている。次に汽車城内の各ブロックははっきりとした特徴を持っている。そして、

---

[239]　そのほか、3店舗のレストランが出店している。
[240]　2009年より、一般業販店を中心とする南ブロックはなくなり、ホームセンターとなった。

各ブロックの区切りにおいて、道標があり、店が非常に回りやすい。ⅱ）品揃えの豊富さ。賽馬場汽車城は80社以上のメーカーのブランドを取り扱い、自動車の殆どの需要に応えるようになった。ⅲ）ワンストップショッピングの機能。賽馬場汽車城は多くのサービス機能を取り入れ、ワンストップショッピングの機能を果せるようになった。ⅳ）悪いイメージの改善。賽馬場汽車城では今までのブローカーが殆ど排除された。これによって市場混乱の現象が改善され、汽車城のイメージが向上されつつある。ⅴ）相乗効果。賽馬場汽車城では、ホームセンターだけでなく、ゴルフ場、テニス場などもある。それらとの相乗効果が得られる。

　一方、その問題点としても主に３つが挙げられる。ⅰ）経営の不安定性。賽馬場汽車城の用地は国有臨時用地なので、現在、いつ用途が変えられてもおかしくない。2008年、経営権を回収した広州賽馬公司は広州市政府と５年契約を交わしたことがある。現在、契約終了の時期に近づいている[241]。ⅱ）販売店経営の困難性。2003年、賽馬場汽車城の１ヵ月の賃貸料は約20元/㎡であったが、2013年になると、約60元/㎡となった。一方、広州市政府の自動車制限策によって、自動車需要が広州市の周辺地域に移りつつあり、広州市の自動車市場の成長が見込めなくなった。ⅲ）価格優位性の低下。サテライト店は「４Ｓ」店との価格差が小さく（大体１割以下）、店舗によって「４Ｓ」店のほうが安いこともある。

(2)　AEC汽車城

　AEC汽車城はAEC集団によって創設されたものである[242]。総投資額８億元、敷地面積12万㎡、総営業面積は８万㎡（うち：自動車展示スペース４万㎡、修理・メンテナンススペースと部品センターを合わせて２万㎡、新車用の倉庫２万㎡）である。当時、AEC汽車城の総支配人はAEC汽車城を華南地区最大規模かつ「４Ｓ」店数最多の永久性汽車城として建設すると公表した。

　2003年３月、AEC汽車城は正式に開業した。同年、AEC汽車城の総売上高が45億元に達した。2004年下半期、中国自動車市場の成長が減速し、AEC汽

241　2013年になると、広州賽馬公司は販売店との年間契約の更新を停止し、月ごとの契約を取った。2013年８月以降、多くの販売店が撤退し始めた。
242　当時のAEC集団はAEC広州汽車博覧中心とAEC汽車城という２つの有形市場を有していた。

図表6-9　AEC汽車城の概略図

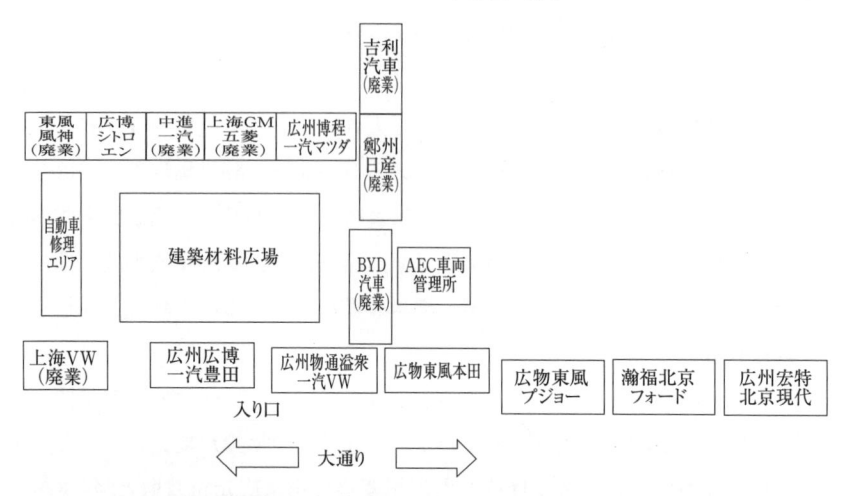

		吉利汽車(廃業)				
東風風神(廃業)	広博シトロエン	中進一汽(廃業)	上海GM五菱(廃業)	広州博程一汽マツダ	鄭州日産(廃業)	
自動車修理エリア	建築材料広場			BYD汽車(廃業)	AEC車両管理所	
上海VW(廃業)	広州広博一汽豊田		広州物通溢衆一汽VW	広物東風本田	広物東風プジョー	瀚福北京フォード	広州宏特北京現代

入口　←　大通り　→

出所：2013年2月28日の調査により筆者作成。

　車城の収益性が低下した。2006年9月、AEC集団は建築材料の高収益に引かれ、AEC汽車城の中心地を建築材料の広場として使用し始めた。それと同時に、自動車販売店との契約は2年契約という短期契約となった[243]。2010年、AEC集団の建築材料販売事業が行き詰まり、AEC汽車城は再び自動車事業を重視し始めた。ところが、2011年8月、AEC汽車城が売却される情報が流された。AEC汽車城の買収先は住宅地やビジネスビル開発専門の広東珠光集団有限公司である。

　2006年6月時点で、AEC汽車城では10店舗の「4S」店が構えていた。その後、店舗数に大きな変化はなかった。一番多い時期にも二十数店舗しかなかった。現在、図表6-9のように、広博（シトロエン）と広州博程（一汽マツダ）を除けば、汽車城内の店舗が全部廃業となった。一方、大通り沿いの店舗は殆ど経営を続けている。

　AEC汽車城の変遷は汽車交易市場の不安定な一面を反映している。汽車交易市場の建設を口実に政府から土地を入手し、実際は土地価格の上昇を狙った投資者も少なくなかったからである。

243　開業当初、AEC汽車城は販売店との長期契約を好んだ。AEC汽車城と15年契約を結んだ販売店も存在していた。

第5節　温州の汽車城

(1)　温州汽車城

　温州汽車城は浙江省温州市の甌海大道と蛟鳳路との交差点に位置しており、温州最初の汽車城である[244]。施設面積2万8000㎡、屋外スペースは3万㎡である。ディベロッパーは温州市機動車交易市場有限公司である。

　2005年9月正式に開業したと同時に、約13のテナント（うち：「4S」店2店舗）が同時に営業を開始した。当時、「4S」店が主流となったので、温州汽車城は最初から「4S＋1」モデルを採用した。「4S＋1」モデルとは汽車城が「4S」店と同じような機能を持つだけでなく、購入の利便性などプラス・アルファの機能を求めることである。

　ところが、開業した後、「4S」店を除き、殆どの店は人気が集まらなかった。2006年9月、温州汽車城は車両管理所（役所）を招致し、自動車の購入手続きを大幅に短縮させた。その後、温州汽車城の人気が急上昇し、40％の年間売上高の増加率を実現した。2007年以降、温州汽車城でのテナント数は20店以上となった。2012年、温州汽車城での取引額は19億1000万元であった。

　図表6-10のように、現在、温州汽車城での（新車販売）テナント数は約35店となった。その内、「4S」店が5店舗、サテライト店が28店舗、輸入車総合販売店が2店舗である。「4S」店はもちろん、サテライト店も殆ど専売を行っている。但し、1つの店で2つの看板を持つことがある。例えば、BYDとGM五菱、BYDと黄海汽車。こういう店舗はおよそ6、7店舗ある。サテライト店で購入した自動車のアフターサービスはそれぞれのブランドの「4S」店で行われる。

　温州汽車城の出入り口は5ヵ所ある。正門から入ると、両側には中古車販売店群がある。中古車販売店群の14店舗は殆ど中高級車を取り扱っている。一方、中古車屋外展示場では低価格の中古車と小さなブース（電話ボックスぐらいの大きさ）が配置している。

　温州汽車城は30以上のブランド数を持ち、一定の集客力を持っていると考え

244　温州市は杭州市、寧波市に次ぎ、浙江省の第3の大都市である。なお、現在、敷地面積37万㎡の温州蟠橋国際汽車城が建設中である。

図表6-10　温州汽車城のテナント分布図

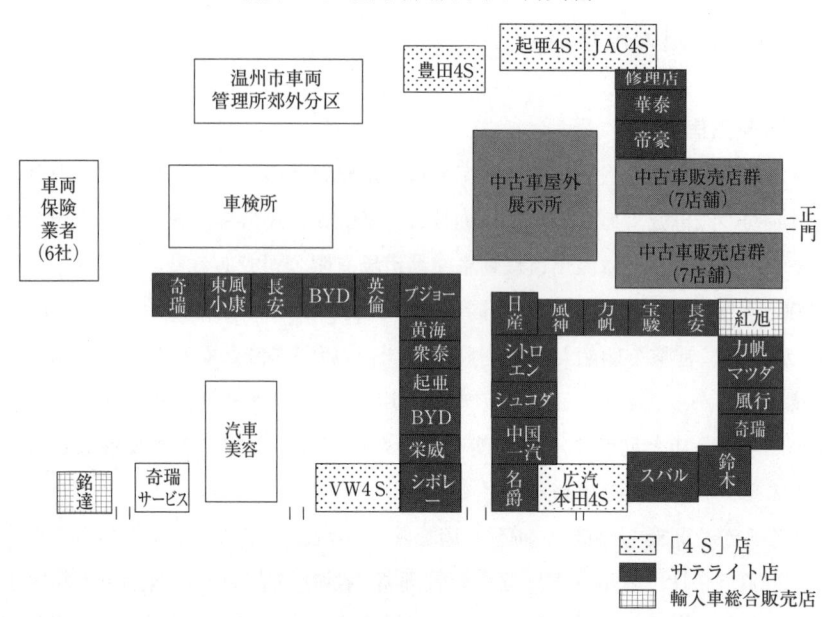

出所：2013年2月19日の調査により筆者作成。

られる。また、幅広いサービスの提供でワンストップショッピングを実現した。しかし、汽車城外との価格優位性は殆ど存在しなかったゆえ、絶大な集客力を持つわけではない。

(2) 平陽鵬翔汽車交易市場

平陽鵬翔汽車交易市場（以下、鵬翔汽車市場）は浙江省温州市平陽県昆陽鎮臨区路（104国道沿い）に位置しており、平陽県唯一の汽車交易市場である[245]。初期投資額は1200万元である。

2009年、政府は「汽車下郷」政策を実施し、農村部の自動車購入ブームを引き起こした。それを背景に、2009年7月、鵬翔汽車市場の第1期プロジェクトが完成し、4つのショールームと1つの総合修理サービスセンターが建設された。販売されたのは殆ど「汽車下郷」政策に優遇される車種である。最初の2、3ヵ月の販売台数は毎月約100台であった。同年10月、鵬翔汽車市場は第2期

245　2010年の第6次全国人口統計調査によると、平陽県の常住人口数は約76万人であった。2008年、平陽県の自動車販売台数が約2000台、年間売上高が2億元であった。

第Ⅵ章　中国の汽車交易市場の発展と「ディーラー・システム」の変容

図表6-11　鵬翔汽車市場のテナント分布図

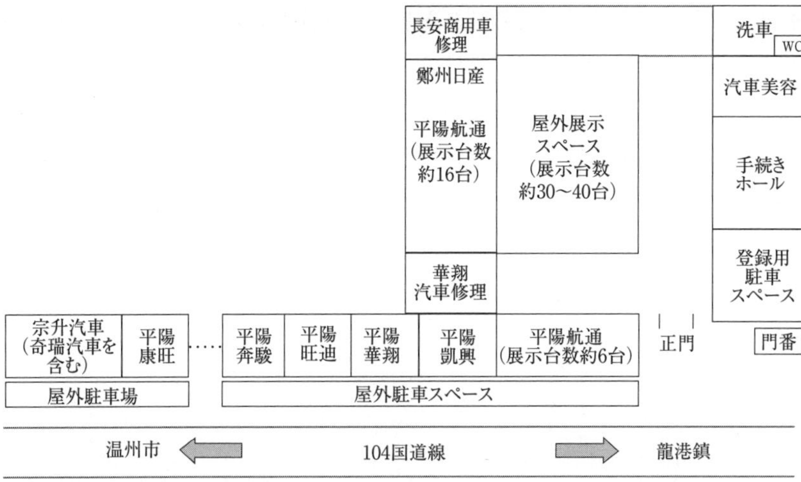

		長安商用車修理		洗車	
					WC
		鄭州日産	屋外展示スペース(展示台数約30～40台)	汽車美容	
		平陽航通(展示台数約16台)		手続きホール	
				登録用駐車スペース	
		華翔汽車修理			
宗升汽車(奇瑞汽車を含む)	平陽康旺	平陽奔駿	平陽旺迪	平陽華翔	平陽凱興	平陽航通(展示台数約6台)	正門	門番
屋外駐車場	屋外駐車スペース

　　　　　温州市　←　　　　104国道線　　　　→　龍港鎮

出所：2013年2月18日の調査により筆者作成。

プロジェクトの建設を開始した[246]。

　現在、鵬翔汽車市場は1万5000㎡の規模となり、7店舗の販売店と2店舗の修理店を持っている（図表6-11）。これらの販売店の展示台数は殆ど3～4台で、屋外の展示スペースも含めて考えると、大体1店舗当たり二十数台の商品車を持っている[247]。また、これらの販売店では試運転サービスが殆ど提供されたいなかった。そして、殆どのアフターサービスも各メーカーの「4S」店で提供されることになる。さらに、相談スペースとカウンターが設置されたが、非常に簡易なもので、スペースも狭い。平陽航通（総合販売店）と宗升汽車を除き、ほかの5店舗はすべて専売店（サテライト店）である。BYD、長城、北奔、長安鈴木、東風小康、上海GM五菱がそれぞれ販売されている。一方、宗升汽車は奇瑞車の専売を行う同時に、北京現代、シボレー、上海VWなどを併売している（ガラスでそれぞれの販売スペースを仕切っている）。平陽航通はフォード、マツダ、Audi、VWなどの十数種のブランド車を取り扱っている。それは殆ど「4S」店から仕入れたものである。

　以上のように、鵬翔汽車市場の規模は小さく、低価格帯の国産ブランド車の

246 「平阳"汽车下乡"催生汽车城」『平阳新闻』、2009年8月4日付け。
247 また、展示車の販売も可能である。

販売が中心である。現地の自動車市場の規模がまだ小さいので、ある程度消費者の需要に対応できたといえる。しかし、経営管理能力の不足などの問題が存在している。まず、鵬翔汽車市場には正門が存在するものの、販売店はその奥ではなく、道路沿いに立ち並んでいる。それは販売店にとって良いかもしれないが、汽車市場にとって決して良いことではなかった。それは顧客が市場外に流されやすいからである。また、ほかの販売店が汽車交易市場の近辺で勝手に出店する傾向もある。そして、鵬翔汽車市場は簡易な修理以外のサービスが殆ど揃っていない。自動車の登録手続も代行するが、通常3日間ぐらいかかる[248]。

結び

以上、北京市、上海市、広州市、温州市（及び所属県）の4都市における汽車交易市場の10個の事例を考察した。

汽車交易市場が最も重要な役割を果している北京市においては、2004年ごろに開業した東方基業と欧徳宝汽車交易市場では「4S」店がすでにその中心的地位にあった。一方、比較的に早い時期に出発した亜市では、一般業販店の数は「4S」店の2倍以上であったが、「4S」店の存在感と重要性がますます増している。また、メーカーのディーラーから出発した博瑞汽車園区は完全に「ディーラー・システム」に組み込まれているといえる。しかも、このタイプの汽車交易市場が一番多かったといわれている。

「4S」店による販売が中心である上海市においては、自動車販売の視点から見ると、上海国際汽車城はただの「4S」店の集積地にすぎなかった。一方、上海車市ではサテライト店と「4S」店が中心となり、メーカーからの影響力が増大しつつある。

汽車交易市場数が比較的に多い広州市においては、賽馬場汽車城が「4S」店とサテライト店を積極的に取り込み、「ディーラー・システム」に組み込まれつつある。一方、廃業となったAEC汽車城は汽車大道となりつつある。

汽車交易市場が1つだけの温州市においては、温州汽車城が「4S」店とサ

---

248 それは温州市の車両管理所へ登録に行かなければならないからである。

テライト店の集積となった。また、汽車交易市場が展開されてから、まだ4年も経っていなかった温州市平陽県においては、汽車交易市場は殆どサテライト店によって構成されている。

　一言でいえば、各汽車交易市場では「4S」店とサテライト店が中心になりつつある、あるいは、すでに中心となった。ところが、「4S」店は自動車購入手続きの代行、アフターサービス、自動車ローン、保険などほぼ全部のサービスを提供し、それに加え消費者が「4S」店の1週間や2週間の納車期間に慣れ始めることによって、即時購入の需要が減少し、汽車交易市場の「一条龍服務」の優位性を低下させた。また、基本的に「4S」店及びサテライト店のプロモーション活動を展開するにはメーカーからの許可が必要なので、汽車交易市場が独自に行うことが困難となり、経営管理の困難性が増した。さらに、汽車交易市場の最も重要な優位性の1つである価格優位性が失われつつある。つまり、汽車交易市場は「4S」店を取り込んだということより汽車交易市場が「ディーラー・システム」に組み入れられたといったほうが正確である。

　今まで汽車交易市場が米国のオートモールと区別されて研究されてきたが、現段階になると、汽車交易市場はすでに変容し、米国のオートモールと近い存在となったことを指摘しなければならない。しかし、中国の汽車交易市場ではテナント数が米国のオートモールを遥かに超えて、サテライト店という存在もあり、それ以上の大きな意味を持っている。

　まず、汽車交易市場は米国のオートモールと同じく、ワンストップショッピングを提供しているので、消費者は比較購買を効率的に行うことができ、「ディーラー・システム」という専売制の限界をある程度打破した形態だといえる。そして、ディーラーは自身のテリトリーに限らず、より遠いところから顧客を引き寄せることができ、「ディーラー・システム」というテリトリー制の限界をある程度打破することにも繋がっている。ところが、汽車交易市場の最も重要な意味は「ディーラー・システム」の変容に新たな方向性を提示したことにある。「ディーラー・システム」のもとでは自動車の販売価格だけでなく、そのマージンも殆どメーカーによってコントロールされている。このようなメーカー主導のシステムを効率化するには「一定強度」の競争が不可欠である。サテライト店の存在によって、1つの汽車交易市場内に同一ブランドの専売店が2社以上存在することが少なくなかったので、異なるメーカーのディーラー間

の競争だけでなく、同一メーカーの「４Ｓ」店とサテライト店との競争も存在し、「ディーラー・システム」に「一定強度」の競争を提供することができる。このほか、サテライト店が中心である汽車交易市場も存在し、それらの市場の「一条龍服務」がサテライト店の販売の効率化に大きく寄与することになる。また、サテライト店を中心とする汽車交易市場と快修店との組み合わせで自動車流通全体に効率化をもたらす可能性もある。

結　　　論

　本書によって明らかになったことは主に以下の５つがある。
　①2001年以降、中国自動車流通システムが急速に変化し、前段階で形成した多種多段階性の流通経路が収束し、「４Ｓ」方式の「ディーラー・システム」が中国の自動車流通システムの中心となった。しかし、2008年以降、「４Ｓ」方式の「ディーラー・システム」が部分的に変容し、自動車流通形態の多元化が進められた。
　②中国においては「ディーラー・システム」が導入された時点で現地適応化され、システム自身の有効性や政府政策の推進などによって「４Ｓ」方式の「ディーラー・システム」として定着し始めた。「４Ｓ」方式の「ディーラー・システム」は日米以上にメーカーのコントロール力の強い「ディーラー・システム」である一方、日米で採用された最新の経営管理手法なども含められている。2008年以降、サテライト店というメーカーにとって好都合の店舗形態の登場及びその成長の勢いは「４Ｓ」方式の「ディーラー・システム」がすでに変容した事実の１つである。それはサテライト店の展開は各ディーラーのテリトリーだけでなく、ディーラーの成長のモデルをも変化させたからである。
　③「ディーラー・システム」の構築及び変容プロセスにおいては、各メーカーにはいくつかのパターンが見られるが、下部組織への権限移転、ディーラー網への管理強化などの面において、各メーカーはほぼ一致した行動を取ってきた。つまり、「ディーラー・システム」の変容はメーカーのコントロール力強化の方向に向かって進行している。
　④ディーラーの大規模化が急速に進んだが、現段階においてはメガ・ディーラーはまだメーカーに大きく依存している。しかし、メーカー主導の「ディー

ラー・システム」から脱出しようとする一面も見られるようになった。その主な手段として取られたのは事業の中心を輸入車販売に傾けること、中古車販売や快修店などの新たな事業の展開、新たな情報システムの導入である。また、メーカーを買収しようとするメガ・ディーラー（厖大）も存在していた。しかし、現段階では大きな成果を収めたメガ・ディーラーはまだ現れていない。

⑤現段階になると、「自由市場」だとされてきた汽車交易市場はメーカー主導の「ディーラー・システム」に組み込まれつつあり、米国のオートモールと近い存在となった。しかし、中国の汽車交易市場はテナント数だけでなく、店舗形態及びサービス機能の面においても米国のオートモールを遥かに超えているので、それ以上の大きな意味を持っている。それは「一定強度」の競争を提供する場として汽車交易市場が自動車流通全体に効率化をもたらす可能性もあるからである。

そして、本書からの示唆は主に以下の6つがある。

①「ディーラー・システム」自身の限界性のゆえ、変容が求められている。

②「ディーラー・システム」の変容プロセスをダイナミックに把握するにはミクロの視点が不可欠である。

③中国では、「ディーラー・システム」の変容はメーカーのコントロール力が強化される方向に向かって進行中である。

④現段階では、メガ・ディーラーが「ディーラー・システム」に与える影響はまだ小さい。

⑤汽車交易市場を組み込むことで「ディーラー・システム」は自身の限界性をある程度突破することができる。

⑥サテライト店と汽車交易市場の融合によって、自動車流通システムの全体の効率化をもたらす可能性がある。

あとがき

　多くの研究者は自動車流通も家電流通のように流通主導型へとシフトしていくことを論じたが、現段階においては、「ディーラー・システム」は依然として日米自動車流通システムの中心であり、中国においてもその中心的な地位が強化されつつある。また、「ディーラー・システム」は自身の変容を通して、固有の限界性を克服しつつあり、自動車流通システム全体の効率化が進められている。こういう意味から考えると、自動車流通システムは必ずしも流通主導型でなければならないわけではない。一方、自動車流通業の集中度に関しては、中国は十数年間の発展だけですでに長年をかけて進められてきた米国を超えていた。この意味から考えても、流通業へのパワーシフトが起こり得るかどうかに関しても中国は絶好の研究対象となる。

　ところが、本書では解決できなかった課題も多く存在している。まず現段階では観察できない現象が多々存在する。例えば、メガ・ディーラーの成長があまりに速かったので、組織内の効率化が急務となり、「ディーラー・システム」へのはっきりとした影響はその先にある可能性がある。そして、中国では自動車産業構造が大きく変化する可能性が非常に高いので、「ディーラー・システム」変容への持続的な研究が必要である。また、本書は「ディーラー・システム」をより効率化するには「一定強度」の競争が必要とされると主張したが、「一定強度」に関する定量分析を行わなかった。さらに、自動車流通が家電流通のように流通主導型へとシフトしているかどうかについて、はっきりとした答えを出せなかった。今後の研究を通してこれらの課題を解決する。

引用・参考文献

〈和文献〉

芦田尚道（2009）「ミッションの共有によるシステムの創造―系列別自動車販売『再形成』期の製販関係―」『イノベーション・マネジメント』第6号、109頁。

石川和男（2005）「第2次大戦直後の自動車流通(1)GHQ、主務官庁、自動車産業団体の動きを中心として」『専修商学論集』第81号10月号、201-224頁。

石川和男（2007）「第2次大戦直後の自動車流通(2)各自動車メーカーの動きを中心として」『専修商学論集』第84号1月号、89-106頁。

石川和男（2008）「わが国における自動車流通と販売金融―販売金融黎明期から法律施行期以前を中心として―」『専修商学論集』第86号1月号、51-70頁。

石川和男（2009）『自動車のマーケティング・チャネル戦略史』芙蓉書房。

石川和男（2011）『わが国自動車流通のダイナミクス』専修大学出版局。

今井賢一・伊丹敬之・小池和男（1982）『内部組織の経済学』東洋経済新聞社。

岩原拓（1995）『中国自動車産業入門―成長を開始した"巨人"の全貌―』、東洋経済新報社。

宇田川勝（1977）「日産財閥の自動車産業進出について（下）」『経営志林』第13巻第4号、107-108頁。

尾崎正久（1955）『自動車日本史・上巻』自研社。

柯麗華（2009）「中国の自動車流通政策に関する一考察」『経営総合科学』第92号9月号、71-91頁。

米谷雅之（1997）「産業の進化とマーケティング―離陸期中国自動車流通の考察―」『東亞経済研究』第56巻第2号5月号、161-188頁。

米谷雅之（2001a）「四位一体型自動車販売システムの構築―中国広州本田汽車のケース―」『山口經濟學雜誌』第49巻第2号3月号、111-136頁。

米谷雅之（2001b）「中国における自動車流通の動向」『東亞経済研究』第59巻第4号3月号、513-535頁。

米谷雅之（2004）「中国自動車産業の発展と販売組織」『經濟學研究』第71巻第1号11月号、1-18頁。

塩地洋・キーリー，T・D（1994）『自動車ディーラーの日米比較―「系列」を視座として―』九州大学出版会。

塩地洋（2000）「中国における自動車流通経路―指令性分配から市場取引への過渡期的特質―」『流通研究』第3巻第1号3月号、23-45頁。

塩地洋（2002）『自動車流通の国際比較―フランチャイズ・システムの再革新をめざして―』有斐閣。

塩地洋（2005）「中国自動車流通の現状と課題―日本からの進出を展望しつつ―」『自

動車販売』第43巻第6号6月号、32-38頁。

塩地洋・孫飛舟・西川純平（2007）『転換期の中国自動車流通』蒼蒼社。

塩地洋（編）（2011）『中国自動車市場のボリューム・ゾーン―新興国マーケット論―』昭和堂。

塩見治人・谷口明丈・溝田誠吾・宮崎信二（1986）『アメリカ・ビッグビジネス成立史―産業的フロンティアの消滅と寡占体制―』東洋経済新報社。

重永良信（2004）「北京・上海自動車流通市場調査視察団報告　急激に変化する流通体制―急成長を続ける中国マーケット　業界再編が一層進展へ―」『自動車販売』第42巻第6号6月号、36-39頁。

四宮正親（2008）「日本における自動車販売の萌芽」『経済系』第237号10月号、28-43頁。

四宮正親（2009）「国産大衆車企業の誕生と流通販売体制の構築―トヨタのケース―」『経済系』第240巻7月号、76頁。

四宮正親（2011）「第2次大戦後における系列別自動車販売の復活と再編成」『経済系』第246号1月号、167-176頁。

柴田悟一・中橋國蔵（編著）（1997）『経営管理の理論と実際』東京経済情報出版。

下川浩一（1977）『米国自動車産業経営史研究』東洋経済新報社。

周磊（2011）『中国次世代自動車市場への参入戦略―現地発イノベーションの最前線―』日経BP社。

スローン, A・P（有賀裕子訳）（2003）『GMとともに』ダイヤモンド社。

関満博（編）（2006）『中国自動車タウンの形成―広東省広州市花都区の発展戦略―』新評論。

孫飛舟（2000）「自動車流通における『ディーラー・システム』に関する研究」博士論文、大阪商業大学。

孫飛舟（2004）「中国自動車流通チャネルの類型及びその展開―国内産乗用車の新車販売チャネルを中心に―」『大阪商業大学論集』第131号1月号、127-148頁。

孫飛舟（2006a）「WTO加盟後の中国自動車流通政策とその影響―新車の『ブランド販売サービス体制』を中心に―」『産業学会研究年報』第22号、57-66頁。

孫飛舟（2006b）「自動車流通における「売買の社会性」について―中国の自動車交易市場から得られる示唆は何か―」『商大論集』第57巻第4号3月号、195-214頁。

孫飛舟（2006c）「日・中・韓自動車流通の発展に関する一考察」『地域と社会』第9号10月号、71-84頁。

田島俊雄（1998）「移行経済期の自動車販売流通システム」『中国研究月報』第52巻第6号6月号、1-20頁。

テドロー, R・S（近藤文男訳）（1993）『マス・マーケティング史』ミネルヴァ書房。

トヨタ自動車販売株式会社社史編集委員会（編）（1970）『モータリゼーションとともに』トヨタ自動車販売。

西川純平（2007a）「中国の自動車流通における4S方式の販売店について―広州本田汽車を事例に―」『金沢学院大学紀要』第5号3月号、11-24頁。

西川純平（2007b）「民族系メーカーの自動車流通における現状と課題―奇瑞汽車を事例に―」『同志社大学ワールドワイドビジネスレビュー』第9巻第1号9月号、75-89頁。

西川純平（2008）「中国自動車流通における4S店の拡大とその背景について」『金沢学院大学紀要』第6号3月号、17-24頁。

西川純平（2011）「中国内陸部での自動車販売体制の構築について―サテライト方式の導入についての検討―」『同志社商学』第63巻第3号11月号、171-192頁。

日刊自動車新聞社・日本自動車会議所（共編）（2012）『自動車年鑑・2012-2013年版』日刊自動車新聞社。

日産自動車株式会社調査部（編）（1983）『21世紀への道―日産自動車50年史―』日産自動車。

日本科学史学会（編）（1964）『日本科学技術史体系・第18巻』第一法規。

日本自動車会議所・日刊自動車新聞社（共編）（1980）『自動車年鑑・昭和55年版』日刊自動車新聞社。

日本自動車工業会（編）（2012）『世界自動車統計年報・2012年版』日本自動車工業会。

野村総合研究所（2008）「新たな段階に向かう中国自動車産業の課題」『知的資産創造』第16巻第7号。

松下満雄（編）（1977）『流通系列化と独禁法―寡占対策はどう進む―』日本経済新聞社。

松本義宏（2008）「我が国自動車流通における一考察」『商研紀要』第30巻第1号、15-24頁。

村上泰亮・公文俊平・熊谷尚夫（1973）『経済体制』岩波書店。

村松潤一・石川和男・柯麗華（2010）「中国自動車流通市場の形成と日系自動車メーカーのチャネル政策―東風日産の事例を中心として―」『アジア市場経済学会年報』第13号、35-44頁。

樋山健介・川邉信雄（編）（2011）『中国・広東省の自動車産業―日系大手3社の進出した自動車産業集積地―』早稲田大学産業経営研究所。

藤本隆宏（1991）「米国自動車流通の新展開と情報技術―実態調査資料を中心に―」東京大学経済学研究科。

風呂勉（1968）『マーケティング・チャネル行動論』千倉書房。

方飛卡（2012）「中国における上海GMのマーケティング戦略―広州ホンダとの比較に基づいて―」東京国際大学『商学研究』第23号、145-158頁。

ホルスタイン，W・J（グリーン裕美訳）（2009）『GMの言い分―何が巨大組織を追いつめたのか―』PHP研究所。

丸川知雄・高山勇一（編）（2005）『グローバル競争時代の中国自動車産業』蒼蒼社。

矢作敏行・関根孝・鍾淑玲・畢滔滔（2009）『発展する中国の流通』白桃書房。
吉川勝広（2012）『自動車流通システム論』同文舘出版。
李春利（1997）『現代中国の自動車産業―企業システムの進化と経営戦略―』信山社出版。
李澤建（2010）「中国自動車流通における相互学習と民族系メーカー発イノベーションの可能性」『アジア経営研究』第16号、57-69頁。
劉芳（1999）「転換期における中国の自動車流通システム―流通経路の全体構造―」『経済論叢』第164巻第3号、62-83頁。
劉芳（2000a）「上海汽車による流通経路改革の模索―転換期における中国の自動車流通システム―」『経済論叢』第165巻第5・6合併号5月号、394-411頁。
劉芳（2000b）「中国の自動車流通システムの変遷過程(1)」『経済論叢』第166巻第5・6合併号、131-143頁。
劉芳（2001）「中国の自動車流通システムの変遷過程(2)」『経済論叢』第167巻第2号、52-65頁。
劉芳（2002）「中国におけるディーラーシステムの出現―広州本田の流通チャネルの構築―」『経済論叢』第169巻第3号、233-255頁。

〈その他の文献〉
姚斌华・韩建清『见证广州汽车10年』広東人民出版社、2008年。
中国国際金融有限公司「汽车产业链中的成长金矿汽车经销商行业首次关注报告」、2010年9月21日。
中国汽車貿易指南編委会『中国汽車貿易指南』1991年、経済日報出版社。
中国汽車技術研究中心『中国汽車年鑑』1998年。
上海汽車業界協会『2011年度上海汽車行業統計分析』、2011年。
『中国汽車工業年鑑』各年版。
『中国汽車貿易年鑑』1996年～1997年版、1998年版。
『上海大衆汽車集団年報』1993年～2010年。
『中国汽車年鑑』2006年。
『中国汽車工業年鑑』各年版。
『中国汽車流通行業発展報告』(2009-2010)、(2011-2012)。
『中国統計年鑑』各年版。
新華信Dearler Mapのデータ。
中国汽車工業協会の公表データ。
広州本田内部資料（2010年）。
FTMS商務政策（2010年）。
一汽ＶＷ商務政策（2011年）。
Audi商務政策（2011年）。

引用・参考文献

上海VWの内部資料（2012年）。
上海GMの内部資料（2011年）。
中昇グループの年間業績発表の各年。
厖大グループの各年度の報告書及び『首次公開発行株式募集説明書』。
広汇汽車の私募意向書（2009）及び票据募集説明書（2011-2012）。
広汇汽車票据募集説明書（2011-2012）。
広汇汽車「2013年度第二期中期票据募集说明书」。
NADA（全米自動車ディーラー協会）DATE各年版。
Automotive News各年版。
Automotive News Dealer Date各年版。
「南北大众并网让中国车市放开渠道控制？」『経済参考報』、2008年5月8日付け。
「北京现代全力冲刺"百万千亿"」『経済参考報』、2013年8月29日付け。
「广州本田成立销售本部 营销体系管理加速变革」『経済観察報』、2008年1月12日付け。
「欲破解融资难题 亚市筹划上市」『経済観察報』、2011年7月30日付け。
「事业部改革悬空 奇瑞"变速"」『経済観察報』、2012年6月29日付け。
「与4S模式的竞争 亚运村车市之兴衰」『21世紀経済報道』、2009年11月18日付け。
「上海大众营销体系再变革 将加强重点区域」『21世紀経済報道』、2010年7月21日付け。
「效仿大众 奇瑞汽车公司推行事业部制」『第一財経日報』、2010年9月20日付け。
「销量利润持续下滑 上海大众启动自救计划」『第一財経日報』、2006年6月21日付け。
「东方基业叫板亚市」『新京報』、2004年10月4日付け。
「东风日产加速二级网点升级一级网点速度」『新京報』、2009年3月30日付け。
「一汽丰田推广二号店模式」『新京報』、2011年5月16日付け。
「王传福：比亚迪整合结束 经销商减至800家」『京華時報』、2013年1月18日付け。
「北京国际汽车贸易服务园区大力吸引品牌专卖店」『人民日報』、2003年6月24日付け。
「破茧重生看奇瑞」『人民日報』、2013年8月26日付け。
「中国汽车界的"老门头"自述—广州本田前总经理 门胁轰二一」『日経産業新聞』、2008年1月14日付け。
「上海通用：和经销商一起成长」『第一財経週刊』、2008年10月30日付け。
「一汽大众为何激进收权」『南方週末』、2011年8月29日付け。
「车市竞争加剧 北京现代试水快修店进军后市场」『南方都市報』、2011年4月14日付け。
「三鹰变身赛马场汽车城」『南方日報』、2007年9月28日付け。
「广州赛马场变身汽车城」『広州日報』、2003年4月11日付け。
「上海通用按单制造」『IT経理世界』、2003年9月9日付け。
「上海通用 集团销售按部就班」『政府採購信息報』、2008年3月3日付け。
「广本机构调整 改组"销售本部"」『広本新聞』、2012年2月16日付け。
「启辰下半年将推R60 基于骊威平台而来」『東風日産の企業新聞』、2013年5月21日付け。

「北京祥龙博瑞集団総経理王东节致辞」『北京祥龙博瑞集団新聞』、2010年12月16日付け。

「解密一汽丰田"零库存"法則」『中国経営報』、2004年10月19日付け。

「天籟改变日产车在华命运 6月销量达6200台」『民営経済報』、2005年7月28日付け。

「庞大汽贸困局」『毎日経済新聞』、2013年2月1日付け。

「上海通用迅速修复雪佛兰在中国失落的形象」『新汽車』、2006年6月14日付け。

張敏「北京现代4S店郝伟："现代"征程在继续」『汽車人』、2009年6月8日付け。

「双龙与庞大有望成立合资公司　谈判进行中」『網通社』、2013年10月20日付け。

「广本退出汽车有形市场利弊谈」『中国汽車市場』2005年第8期。

「亚运村车市开始正式拆迁 老亚市的辉煌难以复制」『北京晨報』、2006年8月1日付け。

「招商困难销售堪忧 汽车交易市场日子越过越难」『北京晚報』、2006年3月1日付け。

「以诚信赢市场」『北京晚報』、2007年1月9日付け。

「去年北京亚运村汽车交易市场交易下滑33％」『北京青年報汽車時代』、2005年1月19日付け。

「经销商按兵不动　市场拚价格　京城汽车城各寻出路」『北京現代商報』、2004年7月28日付け。

「平阳"汽车下乡"催生汽车城」『平阳新聞』、2009年8月4日付け。

易車網「克莱斯勒、吉普、道奇在华并网销售」http://news.bitauto.com/others/20080425/0200456972.html、2013年4月25日アクセス。

易車網「市中心最后一块汽车销售热土—马场汽车城现状—」http://www.bitauto.com/html/news/2008125/200812516282065672.shtml、2013年4月25日アクセス。

網易汽車「《汽车品牌销售管理实施办法》明年修订出台」。
http://auto.163.com/10/1126/00/6MCGJA7I00084JTJ.html、2013年10月26日アクセス。

搜狐汽車「一汽大众提速 苏伟铭营销区域"九变四"」http://auto.sohu.com/20060308/n242198025.shtml、2013年8月7日アクセス。

搜狐汽車「2011金扳手奖获奖感言：上海大众沈总经理」http://auto.sohu.com/20111111/n325349363.shtml、2013年11月1日アクセス。

搜狐汽車「汽车4S店在中国还能走多远？」http://auto.sohu.com/20060704/n244086584.shtml、2013年11月12日アクセス。

搜狐汽車「北京国际汽车贸易服务园区简介」http://auto.sohu.com/20100607/n272627366.shtml、2013年9月11日アクセス。

pcauto「"分支机构"助斯柯达销售体系快速布局」http://www.pcauto.com.cn/news/changshang/0912/1060849.html、2013年8月7日アクセス。

選車網「从30万辆到100万辆」http://www.chooseauto.com.cn/zixun/hangye/138245.shtml、2013年8月7日アクセス。

中広網「一汽丰田大幅"改革"：日方"紧缩"经销商管理」http://www.cnr.cn/car/zjpd/200501/t20050119_504064844.html、2013年11月8日アクセス。

経済観察網「空店开张 启辰渠道先行」http://www.eeo.com.cn/2011/1104/214940.shtml、2013年11月10日アクセス。

浙江汽車網「北京现代今日重返汽车城」http://auto.zjol.com.cn/05car/system/2006/07/03/007714715.shtml、2013年11月11日アクセス。

中国証券網「国开行将提供500亿元政策性贷款支持流通业」http://www.cnstock.com/zxbb/2007-08/10/content_2414657.htm、2013年8月10日アクセス。

北青網「庞大巴博斯将建30家店」http://bjyouth.ynet.com/3.1/1205/09/7070535.html、2013年5月9日アクセス。

北京亜運村汽車交易市場のウェブサイト（http://fenlei.beiyacheshi.com/ysjs2.php）。

汽修公司一厰のウェブサイト（http://www.bjqxyc.com/info.aspx?ColumnID=1234&childcolumnid=1923）。

索　引

●ア　行●

ERP（Enterprise Resource Planning）	
システム	88
依存問題	95
一条龍服務（サービス）	109
一汽大衆汽車有限公司	39
一汽通用軽型商用汽車有限公司	47
一汽豊田汽車販売有限会社（FTMS）	57
一汽VW販売会社	39
「1省1工場」体制	4
一定強度	133
一般流通企業	8
威麟（RELY）	72
永久性汽車城	127
AEC汽車城	127
「Aカード」と「Cカード」の受注方式	58
「N＋2月・N＋1月」受注方式	58
エントリーユーザー	18
大売場	105
オートモール	133
オーバーストア	78
温州汽車城	129

●カ　行●

「快修店」方式	68
開瑞（Karry）	72
価格管理制	17
「関于促進汽車流通業"十二五"発展的指導意見」	82
旗艦店	21
企業集団化	6
汽車交易市場	16,23
汽車大道	23
汽車超市	23
汽車販売チェーン店	23
奇瑞汽車株式有限公司	69
奇瑞汽車城	71

奇瑞（CHERY）	72
「技貿結合」政策	7
急進行	81
強制的専売制	13
競争関係	31
業販店群	111
協力販売店タイプ	43
広匯汽車服務株式会社	98
広匯認証中古車	102
区域事業所	67
KPI（Key Performance Indicator）	
業務システム	100
「限区域・独家連鎖（テリトリー制）」	69
貢献度	86
高コスト体制	19
広州賽（競）馬場汽車城	124
広州豊田汽車有限公司	57
広州本田汽車有限公司	52
広州本田第一店	53
後発合弁系	11
後発メーカー	18
国家計画委員会情報センター	114
国家物資管理局	4
コミットメント	14

●サ　行●

サービスの家	97
サテライト店	21
三鷹汽車城	125
「3大3小2微」体制	6
塩地洋（2002）	1
自主ブランド	33
──車	79
──奨励政策	32
四川現代汽車有限公司	65
四川豊田汽車有限公司	57
四通特約販売サービス店	66

自動車下郷	25	製販組織の一元化	42
自動車購買制限	96	セールス・マーケティング執行役員	42
自動車産業調整と振興計画	25	世界貿易機関	9
自動車産業の集中化	29	専営店	61
自動車賃貸業務	101	先発メーカー	18
自動車ディーラー（car dealership）	1	双軌制	7
自動車「ディーラー・システム」	1	総合取引場	112
自動車取引センター	7	相乗効果	127
自動車ブランド販売管理実施弁法	16	双竜汽車	97
自動車ブランド販売管理弁法	34	孫飛舟（2000）	2
自動車貿易展示街	122	●タ　行●	
指導性計画	7	第一機械工業部	4
車販子	113	大規模化	24
車両管理所	126	大衆（VW）輸入車販売会社	40
上海永達	47	「代理権」方式	11
上海汽車工業銷售総公司	40	代理制	11
上海汽車聯合交易市場	106	大量生産体制	9
上海国際汽車城	121	大連奥通汽車維修装配廠	84
上海車市汽車市場	122	多角化	86
上海大衆汽車有限公司	39	多元化	25
上汽通用汽車金融有限責任公司（GMACSAIC）	49	多重競争構造	31
		多種多段階性	8
上海通用汽車有限公司	46	多段階性	5
上海通用五菱汽車株式会社	46	多様化政策	21
上海VW販売会社	39	単店販売拠点型ディーラー	83
自由価格制	17	地域協同会	56
自由市場	105	「地域大区」制	93
従属的	77	地域別管理制度	54
集中化	24	中国汽車工業公司	3
授権型二級店	64	中国汽車工業銷售総公司	8
授権契約書	35	中国汽車貿易公司	8
授権銷售服務中心	47	中国機電設備総公司	4,8
主導的な地位	39	中国自動車産業発展政策	31
城市展庁	21	「中国都市住民出行方式性選択調査報告」	36
衝動購買	116	中国民族系メーカー	16
指令性分配計画	5	中古車ブランド店	118
新疆広匯実業投資有限公司	98	中昇集団控股有限公司	84
瑞麟（RIICH）	72	中昇泰克提	87
精英店	63	直営店	43,64

索　引

直営二級店	62	非直営二級店	62
DMS（Dealer Management System）	48, 89	1つの奇瑞	73
「D＋S」（中高級セダン＋SUV）戦略	68	Buick Care	48
ディーラー・グループ	83	「4S」店	13
鄭州日産汽車有限公司（鄭州日産）	60	「4S＋1」モデル	129
Techcare	43	「4S」方式の「ディーラー・システム」	11
天津一汽豊田有限公司	57	富士重工	90
ドイツ系合弁メーカー	16	フランチャイズ・システム	1
等級別代理商制度	12	「ブランド大区」制	92
唐山市冀東機電設備有限公司	90	文化大革命	3
東風悦達起亜汽車有限公司	65	分支機構	45
東風日産乗用車公司（東風日産）	60	分銷中心制	50
東風本田汽車有限公司	52	分店	64
東方基業国際汽車城	114	──タイプ	43
登録型二級店	64	分網体制	70
特約販売店	21	米国系合弁メーカー	16
都市経営体	121	（米）Texas Pacific Group（TPG）	98
都市計画	108	平陽鵬翔汽車交易市場	130
都市精品店（旗艦店）	44	北京亜運村汽車交易市場	107
「特許経銷商建設意向書」	41	北京欧徳宝汽車交易市場	117
特許経銷商認定制度	40	（北京）金港汽車公園	109
豊田汽車（中国）投資有限公司	58	北京現代汽車有限公司	65
豊田協力会	58	北京市汽車修理公司	119
●ナ　行●		──廠	119
「2号店」方式	59	北京祥龍資産経営有限公司	119
二重リベート制	66	北京達世行	47
「20kmサービス圏」計画	63	北京北辰亜運村交易市場中心	110
「2008年中国汽車経銷商満足度最新調研報告」 19		厖大汽貿集団株式会社	89
		飽和状態	33
日系合弁メーカー	16	本田技研工業（中国）投資有限公司	52
日産（中国）投資有限公司（NCIC）	60	●マ　行●	
認証型二級店	64	股裂問題	32
ネット販売	23	マルチブランド政策	73
●ハ　行●		ミニ「4S」店	21
排他的なテリトリー制	13	メガ・ディーラー	24, 84
博瑞汽車園区	119	モータリゼーション	10
巴博斯国際控股（香港）有限公司	97	●ヤ　行●	
80後	36	有形市場	16
比較購買	116	輸入車保税庁	109

149

「傭金代理」方式	11	●ワ 行●	
四位一体	12	ワンストップショッピング機能	114
●ラ 行●			
聯営・聯合公司	8		

〈著者略歴〉

方　飛卡（ホウ　ヒカ）

1984年　中国浙江省生まれ
2014年　東京国際大学大学院商学研究科博士課程修了
　　　　商学博士（東京国際大学）
専　攻　流通論、マーケティング論
主　著　「中国におけるCVSの競争優位の構築について―顧客との関係性の視点から―」東京国際大学大学院論叢『商学研究』第22号、2011年。
　　　　「中国における上海GMのマーケティング戦略―広州ホンダとの比較に基づいて―」東京国際大学大学院論叢『商学研究』第23号、2012年。

中国自動車流通のダイナミックス
―自動車「ディーラー・システム」の実証分析―

2014年8月12日　第1版1刷発行

著　者―方　　飛卡
発行者―森口恵美子
印刷所―シナノ印刷㈱
製本所―㈱グリーン
発行所―八千代出版株式会社
　　　　東京都千代田区三崎町2-2-13
　　　　　　TEL　03-3262-0420
　　　　　　FAX　03-3237-0723
　　　　　　振替00190-4-168060

＊定価はカバーに表示してあります。
＊落丁・乱丁本はお取り替えいたします。

ISBN 978-4-8429-1635-4　　　　©2014 Printed in Japan